Wissenschaftliche Reihe Fahrzeugtechnik Universität Stuttgart

Reihe herausgegeben von

Michael Bargende, Stuttgart, Deutschland

Hans-Christian Reuss, Stuttgart, Deutschland

Jochen Wiedemann, Stuttgart, Deutschland

Das Institut für Fahrzeugtechnik Stuttgart (IFS) an der Universität Stuttgart erforscht, entwickelt, appliziert und erprobt, in enger Zusammenarbeit mit der Industrie, Elemente bzw. Technologien aus dem Bereich moderner Fahrzeugkonzepte. Das Institut gliedert sich in die drei Bereiche Kraftfahrwesen, Fahrzeugantriebe und Kraftfahrzeug-Mechatronik. Aufgabe dieser Bereiche ist die Ausarbeitung des Themengebietes im Prüfstandsbetrieb, in Theorie und Simulation. Schwerpunkte des Kraftfahrwesens sind hierbei die Aerodynamik, Akustik (NVH), Fahrdynamik und Fahrermodellierung, Leichtbau, Sicherheit, Kraftübertragung sowie Energie und Thermomanagement – auch in Verbindung mit hybriden und batterieelektrischen Fahrzeugkonzepten. Der Bereich Fahrzeugantriebe widmet sich den Themen Brennverfahrensentwicklung einschließlich Regelungs- und Steuerungskonzeptionen bei zugleich minimierten Emissionen, komplexe Abgasnachbehandlung, Aufladesysteme und -strategien, Hybridsysteme und Betriebsstrategien sowie mechanisch-akustischen Fragestellungen. Themen der Kraftfahrzeug-Mechatronik sind die Antriebsstrangregelung/Hybride, Elektromobilität, Bordnetz und Energiemanagement, Funktions- und Softwareentwicklung sowie Test und Diagnose. Die Erfüllung dieser Aufgaben wird prüfstandsseitig neben vielem anderen unterstützt durch 19 Motorenprüfstände, zwei Rollenprüfstände, einen 1:1-Fahrsimulator, einen Antriebsstrangprüfstand, einen Thermowindkanal sowie einen 1:1-Aeroakustikwindkanal. Die wissenschaftliche Reihe „Fahrzeugtechnik Universität Stuttgart" präsentiert über die am Institut entstandenen Promotionen die hervorragenden Arbeitsergebnisse der Forschungstätigkeiten am IFS.

Reihe herausgegeben von

Prof. Dr.-Ing. Michael Bargende
Lehrstuhl Fahrzeugantriebe
Institut für Fahrzeugtechnik Stuttgart
Universität Stuttgart
Stuttgart, Deutschland

Prof. Dr.-Ing. Hans-Christian Reuss
Lehrstuhl Kraftfahrzeugmechatronik
Institut für Fahrzeugtechnik Stuttgart
Universität Stuttgart
Stuttgart, Deutschland

Prof. Dr.-Ing. Jochen Wiedemann
Lehrstuhl Kraftfahrwesen
Institut für Fahrzeugtechnik Stuttgart
Universität Stuttgart
Stuttgart, Deutschland

Jan Maximilian Klingenstein

Potentialanalyse zum Einsatz teilhomogener Verbrennung im elektrifizierten Antriebsstrang

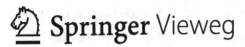

Jan Maximilian Klingenstein
IVK, Fakultät 7, Lehrstuhl für
Fahrzeugantriebe
Universität Stuttgart
Stuttgart, Deutschland

Zugl.: Dissertation Universität Stuttgart, 2022

D93

ISSN 2567-0042   ISSN 2567-0352 (electronic)
Wissenschaftliche Reihe Fahrzeugtechnik Universität Stuttgart
ISBN 978-3-658-40960-9   ISBN 978-3-658-40961-6 (eBook)
https://doi.org/10.1007/978-3-658-40961-6

Die Deutsche Nationalbibliothek verzeichnet diese Publikation in der Deutschen Nationalbibliografie; detaillierte bibliografische Daten sind im Internet über http://dnb.d-nb.de abrufbar.

Planung/Lektorat: Stefanie Probst
Springer Vieweg ist ein Imprint der eingetragenen Gesellschaft Springer Fachmedien Wiesbaden GmbH und ist ein Teil von Springer Nature.
Die Anschrift der Gesellschaft ist: Abraham-Lincoln-Str. 46, 65189 Wiesbaden, Germany

Vorwort

Die vorliegende Arbeit entstand während meiner Tätigkeit als wissenschaftlicher Mitarbeiter im Bereich Fahrzeugantriebe des Instituts für Fahrzeugtechnik der Universität Stuttgart (IFS) unter der Leitung von Herrn Prof. Dr.-Ing. M. Bargende.

Mein besonderer Dank gilt Herrn Prof. Dr.-Ing. M. Bargende für die Möglichkeit zur Durchführung der Dissertation, seine direkte Unterstützung und die Übernahme des Hauptreferates. Herrn Prof. Dr.-Ing. Peter Eilts danke ich für sein Interesse am Thema der Arbeit und der damit einhergehenden Übernahme des Koreferates.

Zusätzlich möchte ich mich bei allen am Institut beteiligten Kollegen für den fachlichen Austausch und die direkte Unterstützung bedanken. Ein besonderer Dank gilt hierbei Herrn Dipl. Ing. H.-J. Berner für seine wissenschaftliche und menschliche Unterstützung während des gesamten Projekts.

Die Anfertigung dieser Arbeit wäre ohne meinen Projektpartner Andreas Schneider nicht möglich gewesen. Ich bedanke mich für die großartige Zusammenarbeit und die Zeit, die wir miteinander verbracht haben und wünsche ihm sowohl für seine berufliche Laufbahn als auch seinen privaten Weg nur das Beste.

Zuletzt möchte ich mich bei allen bedanken, die es mir möglich gemacht haben, mir den Lebenstraum einer Dissertation zu erfüllen. Dies umfasst vor allem meine Familie und in besonderem Maße meine Frau Lena Klingenstein, die mich während dieser oft anstrengenden, aber auch interessanten Zeit unterstützt und vielmehr immer an mich geglaubt hat.

Schorndorf   Jan Maximilian Klingenstein

Inhaltsverzeichnis

Abbildungsverzeichnis

Tabellenverzeichnis

Abkürzungsverzeichnis

CO	Kohlenstoffmonoxid
CO_2	Kohlenstoffdioxid
C_2H_2	Ethin
HC	Kohlenwasserstoffe
H_2O	Wasser
Li	Lithium
NO	Stickstoffmonoxid
NO_x	Stickstoffoxide
O	elementarer Sauerstoff
OH	Hydroxyl-Radikal
O_2	Sauerstoff
R	Alkylradikal
RO_2	Alkylperoxid
AC	Wechselstrom
AGR	Abgasrückführung
BMS	Batteriemanagementsysteme
cpsi	Channels Per Square Inch
CZ	Cetanzahl
DC	Gleichstrom
DCCS	Dilution Controlled Combustion System
DOC	Diesel-Oxidations-Katalysator
DoE	Design of Experiments (deutsch: statistische Versuchsplanung)
DP	Dynamische Programmierung
DPF	Dieselpartikelfilter
ECMS	Equivalent Consumption Minimization Strategy
EG	Elektrifizierungsgrad
EMS	Energiemanagementsystem
FKFS	Forschungsinstitut für Kraftfahrwesen und Fahrzeugmotoren Stuttgart
FVV	Forschungsvereinigung Verbrennungskraftmaschinen e. V.
HCCI	Homogeneous Charge Compression Ignition

HCLI	Homogeneous Charge Late Injection
HEV	Hybrid-Electric-Vehicle oder Hybridelektrofahrzeug
HPLI	Highly Premixed Late Injection
IFS	Institut für Fahrzeugtechnik Stuttgart
IGBT	Insulated-Gate-Bipolar-Transistoren
IVK	Institut für Verbrennungsmotoren und Kraftfahrwesen
KW	Kurbelwinkel
MIMO	Multiple-Input-Multiple-Output
MOSFET	Metalloxid-Feldeffekt-Transistoren
NEFZ	Neuer Europäischer Fahrzyklus
NPT	Non-Punch-Through
NSC	NO_x-Speicherkatalysators
NTC	Negative Temperature Coefficient
OT	Oberer Totpunkt
pHCCI	Partial Homogeneous Charge Compression Ignition
PHEV	Plug-in-Hybrid-Electric-Vehicle
pmi	indizierter Mitteldruck
PT	Punch-Through
RDE	Real Driving Emissions
SCR	Selektive katalytische Reduktion
SOC	State-Of-Charge
UT	Unterer Totpunkt
WLTC	Worldwide harmonized Light vehicles Test Cycle
ZOT	Oberer Totpunkt der Zündung

Symbolverzeichnis

Lateinische Buchstaben

A	Fläche	m^2
a	Beschleunigung	m/s^2
$\vec{B}$	Magnetische Flussdichte	$V\,s/m^2$
c	Widerstandskonstante	-
D	Durchmesser	m
e	Massefaktor	-
F	Kraft	N
f	Frequenz	s^{-1}
g	Gravitationskonstante	m/s^2
H	Heizwert	MJ/kg
$\vec{H}$	Magnetische Feldstärke	A/m
I	Stromstärke	A
i	Übersetzung	-
J	Kostenfunktion	-
L	Kostenfunktion	-
L	Luftbedarf	-
l	Länge	m
M	Drehmoment	N m
m	Masse	kg
N	Windungszahl	-
n	Drehzahl	min^{-1}
P	Leistung	W
p	Pedalwert	-
Q	Wärme	J
r	Radius	m
S	Raumgeschwindigkeit	1/s
s	Strecke/Hub	m
t	Zeit	s
U	Spannung	V

| V | Volumen | m^3 |
| v | Geschwindigkeit | m/s |

Griechische Buchstaben

α	Winkel	°
ε	Verdichtungsverhältnis	-
η	Wirkungsgrad	-
λ	Kraftstoff-Luft-Verhältnis	-
λ_{Pl}	Pleuelstangenverhältnis	-
μ	Permeabilität	-
Φ	Magnetischer Fluss	V s
ϕ	Straffunktion	-
φ	Kurbelwinkel	°KW
ρ	Dichte	kg/m^3
ζ	Hub/Bohrungsverhältnis	-

Indizes

batt	Batterie
beschl	Beschleunigung
comp	Kompression
coul	Coulomb
Diff	Differential
dyn	Dynamisch
eqv	äquivalent
ges	Gesamt
Getriebe	Getriebe
h	Hub
i	induziert
luft	Luft
max	Maximum
mech	Mechanisch
min	Minimum
norm	Normiert
Pl	Pleuel
Rad	Rad

roll	Roll
sma	gleitender Mittelwert
st	stöchiometrisch
steig	Steigung
Stirn	Stirnfläche
sync	synchron
th	thermisch
trac	Traktion
u	unterer

Kurzfassung

Durch die stetig strikteren Emissionsgrenzwerte wird der Einsatz von Fahrzeugen mit einem rein oder teilweise verbrennungsmotorischen Antriebskonzept immer weiter erschwert. Der Dieselmotor weist im Vergleich zum Ottomotor einen größeren Wirkungsgrad auf, emittiert aber gleichzeitig vermehrt Stickoxide und Rußpartikel. Eine innermotorische Verminderung des einen Schadstofftyps führt zur Erhöhung der anderen, was als Ruß-NO_x-Schere bezeichnet wird. Die partiell teilhomogene Dieselverbrennung eliminiert den antiproportionalen Zusammenhang zwar, jedoch folgen aus dem veränderten Brennverfahren weitere Problemstellungen. Der teilhomogene Betrieb ist nur in einem engen Kennfeldbereich und bei geringen Drehmomentgradienten möglich. Steigt der Drehmomentgradient und damit der Druckgradient im Zylinder zu stark an, verschiebt die Verbrennungsregelung den Schwerpunkt der Verbrennung nach spät, um den Motor vor mechanischen Beschädigungen zu schützen und die Geräuschemissionen zu reduzieren. Aus dem regelungstechnischen Eingriff folgen erhöhte Kohlenstoffmonoxid- und Kohlenwasserstoffemissionen. Zusätzlich absinkende Abgastemperaturen, welche aus den hohen AGR-Raten resultieren, erschweren den vollumfänglichen Einsatz des Dieseloxidationskatalysators. Diesem kommt, durch die erhöhten CO- und THC-Emissionen die mit dem Brennverfahren einhergehen, eine entscheidende Rolle zu.

Durch den zusätzlichen Freiheitsgrad, den eine Elektrifizierung des Antriebsstrangs mit sich bringt, können die aus der teilhomogenen Verbrennung entstandenen Probleme zu großen Teilen eliminiert werden. Ein zusätzlich vorliegender Energiespeicher ermöglicht den Einsatz eines elektrisch beheizten Katalysators. Dadurch kann der Betrieb oberhalb der Light-Off-Temperatur trotz niedriger Abgastemperaturen sichergestellt werden. Zusätzlich erreicht die Abgastemperatur nach dem Start des Motors sehr viel schneller das gewünschte Temperaturniveau, was alles in allem zu einem Abfall der CO- und THC-Emissionen führt. Der Einsatz einer elektrischen Maschine ermöglicht weiterhin einen weitreichenderen teilhomogenen Betrieb, da Drehmomente oberhalb der teilhomogenen Betriebsgrenze durch die E-Maschine abgefangen werden können.

Die geringe Trägheit der elektrischen Antriebskomponente ermöglicht zusätzlich eine Phlegmatisierung des Verbrennungsmotors und damit einhergehende eine geringere Intervention der Verbrennungsregelung.

Die vorliegende Arbeit untersucht das Potential des partiell teilhomogen betriebenen Dieselmotors im elektrifizierten Antriebsstrang. Dazu wird ein vollständiges Vorwärtsmodell des Fahrzeugkonzeptes mit Berücksichtigung aller hinzugekommenen elektrischen Komponenten erzeugt. Neben der klassischen Längsdynamikmodellierung, dem Fahrzyklus und Fahrerregler, kommt vor allem der Betriebsstrategie und dem elektrisch beheizten Katalysator ein spezielles Augenmerk zu. Die Betriebsstrategie des vorliegenden Antriebsstrangkonzeptes unterscheidet sich dabei erheblich von durchschnittlichen Antriebskonzepten. Neben der reinen Verbrauchsoptimierung des diffusiv betriebenen Motors wird zusätzlich eine weitere Betriebsstrategie benötigt, die die oben genannten Problemstellungen bestmöglich löst. Auch der elektrisch beheizte Katalysator muss dabei als elektrischer Verbraucher im Optimierungsalgorithmus berücksichtigt werden. Die eingesetzten Betriebsstrategien, eine Equivalent-Consumption-Minimisation-Strategy (ECMS) und eine Phlegmatisierungsstrategie, werden dabei so appliziert, dass ein problemloser Wechsel zwischen den beiden Strategien während des Betriebs möglich ist.

Die Arbeit untersucht dabei verschiedene Fahrzeugkonzepte mit unterschiedlichen Betriebsstrategien. Neben einem diffusiv betriebenen Fahrzeug wird ein Hybridfahrzeug mit reiner ECMS und ein Hybridfahrzeug mit den parallelisierten Betriebsstrategien untersucht. Der Einfluss des elektrisch beheizten Katalysators wird dabei gesondert betrachtet. Zusätzlich zu den rein simulativ erzeugten Daten und Untersuchungen, welche sowohl Worldwide Harmonized Light Vehicle Test Cycle- (WLTC) als auch RDE-Simulationen umfassen, werden die Antriebsstrangkonzepte auch experimentell untersucht. Dazu werden die entworfenen Betriebsstrategien anhand ihrer erzeugten Drehzahl- und Drehmomentkurven an einem verbrennungsmotorischen Prüfstand validiert. Die Emissionen werden dabei an zwei verschiedenen Punkten bestimmt, um ebenfalls den Einfluss des elektrisch beheizten Katalysators bewerten zu können. Der reale Kraftstoffverbrauch wird über eine Kraftstoffwaage bemessen. Neben verschiedenen Lastsprüngen und Aufheizversuchen umfasst die Arbeit zusätzlich vollständige Zyklusfahrten mit wiederholender Betriebsarten- und Betriebsstrategienumschaltung, um einen möglichst geringen Kraftstoffverbrauch und minimierte Schadstoffemissionen erreichen zu können. Der direkte Vergleich verschiedenen Fahrzeugkonzepte, was sowohl Verbrauch als auch Emissionen angeht, schließt die vorliegende Arbeit ab.

Abstract

The use of vehicles with a purely or partially internal combustion engine drive concept is becoming increasingly difficult due to the ever stricter emission limits. The diesel engine is more efficient than the gasoline engine, but at the same time emits more nitrogen oxides and soot particles. An internal-engine reduction in one type of pollutant leads to an increase in the other, which is referred to as the soot-NO_x-gap. The partial homogeneous diesel combustion eliminates the antiproportional relationship, but further problems derive from the modified combustion process. Partial homogeneous operation is only possible in a narrow map range and with low torque gradients. If the torque gradient and thus the pressure gradient in the cylinder increase too much, the combustion control system shifts the crank ancle of the 50 % mass fraction of the combustion into the expansion phase in order to protect the engine from mechanical damage and reduce noise emissions. Increased carbon monoxide and hydrocarbon emissions are the result of the control intervention. In addition, falling exhaust gas temperatures resulting from the high EGR rates make the full use of the diesel oxidation catalyst more difficult. The catalyst plays a decisive role due to the increased CO and THC emissions associated with the combustion process. The additional degree of freedom provided by electrification of the powertrain allows the problems arising from partially homogeneous combustion to be eliminated to a large extent. The extra energy storage available enables the use of an electrically heated catalytic converter. This ensures operation above the light-off temperature, despite low exhaust gas temperatures. In addition, the exhaust gas temperature reaches the desired temperature level much faster after the engine is started, which all in all leads to a drop in CO and THC emissions. Furthermore, the use of an electric motor enables a more widely partial homogeneous operation, as torques above the pHCCI operating limit can be absorbed by the electric motor. The low inertia of the electric drive component additionally enables phlegmatization of the combustion engine and, consequently, less intervention by the combustion control system.

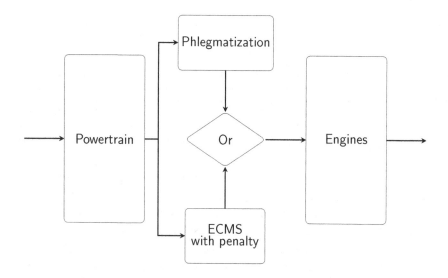

Figure 1: Parallelization of Operating Strategies

To investigate the proposed improvement options, this dissertation describes the setup of an experimentally applied forward model and all submodels required for it. Starting from the driving cycle, the modeling includes a driver controller, the torque split calculation, a complex optimization algorithm that optimizes several map ranges, the battery, both drive engines and a complete longitudinal dynamics model. The operating strategy of the forward model takes into account the use of the electrically heated catalytic converter in addition to the consumption of the electric motor and the combustion engine.

One main focus of the scientific work is the generated operating strategy of the hybrid powertrain concept. In order to meet the requirements explained above, various optimization concepts are bundled into an overall operating strategy. The optimization concept is then selected based on the requirements placed on the powertrain concept. The parallelization of the operating strategies is shown in Figure 1.

The operation of the hybrid vehicle can consequently be divided into three areas. In the first drive range, the torque requirements are so far above the partial homogeneous operating limit that partial homogeneous operation is impossible even with the aid of the electric motor. The decision with which torque split and in which gear the vehicle is operated is decided by an Equivalent Consumption Minimization Strategy (ECMS). The ECMS is defined as a local optimization algorithm that compares the electrically required energy with the required fuel consumption via a conversion factor and selects the best possible operating point. As the ECMS optimizes each time step individually, additional penalty costs for gear and split changes are defined to ensure smooth operation of the ECMS. The focus in this drive area is on the lowest possible fuel consumption, which goes hand in hand with low CO_2 emissions.

The second drive area follows directly at the lower torque limit of the first area. The requirements for the drive concept are low enough for the internal combustion engine to be operated in the partial homogeneous operating mode with the help of the electric motor. Since the optimum efficiency in semi-homogeneous operation is close to the switchover limit between the diffusive and pHCCI operation, the internal combustion engine is operated in a stationary manner, just below this switchover limit, as shown in Figure 2. The additional torque required is provided by the electric motor. In the second operating range, partial homogeneous operation minimizes pollutant emissions, while fuel consumption is also reduced due to the operating range at the upper partial homogeneous limit. The battery charge consumed in this process is recovered by recuperation and load point shifting in ECMS operation.

If the requirement is low enough, partial homogeneous operation of the combustion engine can be ensured without additional electrical power. To minimize the intervention of the combustion control system, and thus at the same time avoid increased CO- and HC- emissions, the electric motor is used for phlegmatization in this range. An excessively steep torque gradient at the combustion engine is reduced with the aid of a first-order decelerator, with the electric motor compensating for the resulting difference between the torque generated by the combustion engine and that requested by the driver.

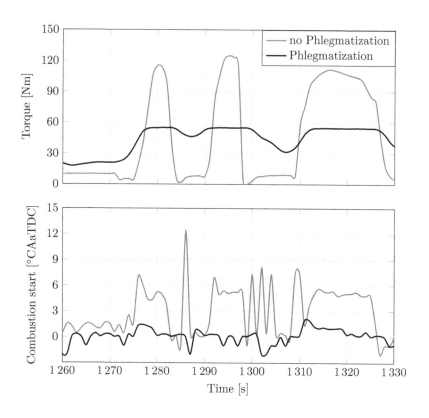

Figure 2: Formation of plateaus through the phlegmatization

To ensure the highest possible degree of pollutant reduction, the exhaust gas temperature must be above the light-off temperature of the diesel oxidation catalyst during the longest possible time range. The electrically heated catalytic converter serves as an additional control element for the exhaust gas temperature. Since the catalytic converter draws a maximum electrical power of 4,5 kW, the electrical energy consumption must be taken into account by the simulation. In order to be able to estimate when electrical auxiliary heating is required, the thesis describes the empirical construction of an exhaust gas temperature model. With the help of a function set of bounded growth functions, which are applied on the basis of test bench measurements, it is possible to simulatively estimate

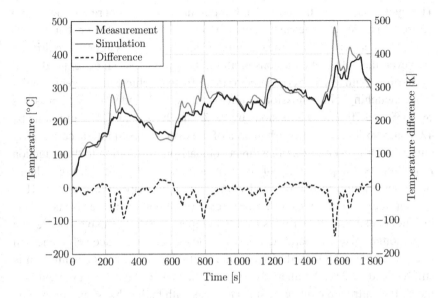

Figure 3: Comparison of the temperature behind the catalyst between measurement and simulation in the WLTC

the time periods in which electrical energy is called up by the catalytic converter. The final temperature and slope of the respective growth function are specified by maps depending on the speed and torque of the combustion engine. By taking the exhaust gas temperature into account, the additional electrical consumer can be factored in by the operating strategy, allowing correct speed and torque curves to be generated for test bench operation without iteration steps. Various drive concepts are being investigated to optimize pollutant emissions and fuel consumption. In each case, the purely diffusively operated diesel vehicle or a non-electrified vehicle with operating mode switching serves as the basis. The functionality of the hybrid vehicle is verified on the basis of individual measurements and cycle runs. The test setup with the measurement technology, sensors and actuators required for this, is explained in more detail.

The cycle runs show the considerable potential of the generated powertrain concept. The WLTC measurements perform significantly better than the additionally performed RDE measurements due to their less aggressive driving. However, the pollutant emissions of all limited emissions can be reduced in all cycle runs. With WLTC, compared to the diffusive vehicle or the vehicle with mode switching, NO_x emissions are reduced by 15 % and 9 %, soot emissions by 75 % and 70 %, CO emissions by 98 % and 99 %, and THC emissions by 42 % and 86 %. If only the urban area of the cycle is taken into account, NO_x emissions drop even further in a direct comparison. In addition to the reduction in pollutants, the possibility of recuperation and load point shifting reduces fuel consumption in the WLTC by 8 % and 16 %, respectively. In the RDE measurements, improvements in the release of all pollutants are also achieved, but fuel consumption increases by 2 % compared to the diffusive vehicle due to the longer pHCCI operating time, and the associated reduced efficiency. In relation to the vehicle with drive mode switching, however, consumption is still reduced by 3 %. Another advantage of the powertrain concept presented is the shift of nitrogen oxide emissions to areas with high exhaust gas temperatures. Optimum conversion of the nitrogen oxides by an additionally fitted SCR catalytic converter is thus considerably simplified.

The scientific work shows the considerable potential of the partial homogeneous combustion in the electrified powertrain. By combining hybridization with the use of an electrically heated catalytic converter, all pollutant emissions during vehicle operation can be reduced. In addition to the emission reduction, a reduction of the fuel consumption can be achieved by the presented operating strategy. Detailed information about the required vehicle simulation, the test bench setup and the experimental implementation with which the measurement results could be achieved, are provided as well.

1 Einleitung und Motivation

Durch die stetig strikteren Emissionsgrenzwerte steigen die Anforderungen an Fahrzeugkonzepte mit Verbrennungsmotoren immer weiter an. Neben einer Minderung des Kraftstoffverbrauchs und der damit emittierten Menge an CO_2 steht zumeist eine Reduktion der abgegebenen Schadstoffe im Mittelpunkt. Die von der Europäischen Union vorgegebenen strikter werdenden Abgasnormen forcieren eine schnelle technische Entwicklung bezüglich der genannten Zielpunkte immer weiter.

Der Dieselmotor weist im direkten Vergleich zum Ottomotor einen höheren Wirkungsgrad auf, was in einem geringen Kraftstoffverbrauch resultiert, emittiert aber gleichzeitig vermehrt Stickoxide und Rußpartikel. Eine innermotorische Verminderung des einen Schadstofftyps führt zur Erhöhung der anderen, was als Ruß-NO_x-Schere bezeichnet wird. Zur Oxidation erzeugter Rußpartikel wird eine hohe Verbrennungstemperatur benötigt, was in einer vermehrten Stickoxidbildung resultiert. Eine parallelisierte Optimierung beider Schadstoffe ohne komplexe Abgasnachbehandlung ist nicht möglich.

Die partiell teilhomogene Dieselverbrennung entschärft diese Ruß-NO_x-Schere, wodurch der Stickoxid- und Rußausstoß vermindert werden kann. Der optimale Einsatz des teilhomogenen Brennverfahrens kann aber nur in einem engen Kennfeldbereich und bei geringen Drehmomentgradienten gewährleistet werden. Die durch die homogenisierte Verbrennung ansteigenden Kohlenwasserstoff- und Kohlenstoffmonoxidemissionen bei zusätzlich fallenden Abgastemperaturen stehen im direkten Konflikt zu den vorgeschriebenen Abgasnormen. Eine Hybridisierung des Antriebsstrangs soll die erläuterten Schwachpunkte möglichst weitreichend eliminieren und das Konzept einer teilhomogenen Verbrennung abrunden.

Eine Hybridisierung und der damit einhergehende verfügbare Energiespeicher ermöglicht den Einsatz eines elektrisch beheizten Katalysators. Die durch die teilhomogene Verbrennung absinkende Abgastemperatur kann dadurch präzise erhöht werden, was einem Anstieg der CO- und HC-Emissionen entgegenwirkt. Weiterhin kann die Dauer zum Erreichen der Light-Off-Temperatur des Diese-

Springer Fachmedien Wiesbaden GmbH, ein Teil von Springer Nature 2023
J. M. Klingenstein, *Potentialanalyse zum Einsatz teilhomogener Verbrennung im elektrifizierten Antriebsstrang*, Wissenschaftliche Reihe Fahrzeugtechnik Universität Stuttgart, https://doi.org/10.1007/978-3-658-40961-6_1

loxidationskatalysators nach dem Motorstart stark verkürzt werden, wodurch eine fast vollständige Konvertierung der CO- und THC-Emissionen sehr viel schneller ermöglicht wird.

Starke Beschleunigungen werden im teilhomogenen Betrieb des Motorkonzepts durch eine Anpassung des Einspritzzeitpunktes abgefangen, wodurch die Verbrennung nach spät verschoben wird. Aus dieser Schwerpunktsverschiebung in die Expansionsphase folgt ein direkter Anstieg der CO und HC-Emissionen. Durch den zusätzlichen Einsatz eines Elektromotors kann bei stark transienter Fahrt eine Phlegmatisierung des Verbrennungsmotors erreicht werden. Der Eingriff der Verbrennungsregelung wird damit minimiert und eine direkte Reduktion der emittierten Kohlenstoffmonoxid und Kohlenwasserstoffemissionen ist die Folge. Darüber hinaus ermöglicht der Einsatz einer elektrischen Maschine einen erweiterten teilhomogenen Betrieb. Die eingesetzte E-Maschine kann die Differenz zwischen gefordertem und verbrennungsmotorisch erzeugtem Drehmoment bereitstellen, wodurch der Verbrennungsmotor stationär an der oberen Grenze des teilhomogenen Bereichs betrieben werden kann.

Neben einer Verbesserung des teilhomogenen Betriebs stehen alle weiteren Vorteile eines Hybridfahrzeugs zur Verfügung. Durch Rekuperation und Lastpunkverschiebung kann neben der Emissionsminderung der Verbrauch und damit der CO_2 Ausstoß des Antriebskonzepts minimiert werden.

Zur Bewertung des Potentials der partiell teilhomogenen Verbrennung im elektrifizierten Antriebsstrang sollen in der folgenden Arbeit die oben genannten Problemstellungen gelöst werden. Der Schwerpunkt liegt dabei auf der Modellbildung des Hybridfahrzeugs mit elektrifiziertem Antriebsstrang und eine den Anforderungen entsprechend speziell entwickelte Betriebsstrategie. Das erzeugte Modell und die daraus resultierenden Drehzahl- und Drehmomentverläufe sollen im weiteren Verlauf der Arbeit experimentell untersucht werden. Um den heutigen Anforderungen genüge zu tun, ist neben klassischen WLTC Untersuchungen eine Auswertung anhand von RDE-Fahrzyklen unumgänglich.

In den folgenden Abschnitten wurden Teile aus der Dissertationsschrift von Herrn Andreas Schneider [57] entnommen: 2.2.1, 2.2.2, 2.2.4, 2.2.7, 2.3.3, 2.3.5, 2.4, 2.5.2, 3.1, 3.2.2, 3.3.1, 3.3.5, 3.3.6, 3.3.7, 3.3.9, 3.3.11, 3.4.2, 3.4.3, 4.1, 4.3.1, 4.3.2, 5.1.2, 5.3, 5.4.1, 5.4.3, A.1, A.4.

2 Theoretische Grundlagen

In dem Grundlagen Kapitel „Stand der Technik" werden alle benötigten Informationen zum Verständnis der vorliegenden Arbeit genau erläutert. Die Konzeptuntersuchung basiert auf einem Dieselmotor des Typs OM642, weshalb bei den theoretischen Grundlagen zu Verbrennungskraftmaschinen der Schwerpunkt auf die Grundlagen der Dieselmotoren gelegt wird. Da ein Hauptziel der Forschungsarbeit die Emissionsreduzierung ist, wird explizit auf die Entstehungsmechanismen der verschiedenen dieselmotorischen Schadstoffe eingegangen. Die Reduzierung der Schadstoffe wird sowohl durch eine Hybridisierung als auch durch ein verändertes Brennverfahren erreicht. Die Hybridisierung erfordert dabei drei Hauptkomponenten, den Elektromotor, die Leistungselektronik und einen Energiespeicher, welcher in diesem Fall durch eine Lithium-Ionen-Batterie gegeben ist. Das Brennverfahren und die elektrischen Komponenten werden in ihren Grundlagen genauer erläutert. Eine hybridisierte Antriebstopologie kann mit verschiedenster Anordnung erzeugt werden, weshalb ebenfalls die verschiedenen Hybridtopologien und daraus resultierende Auswirkungen erläutert werden. Um diese hybride Antriebstopologie optimal einsetzen zu können, wird neben den Komponenten, eine Betriebsstrategie benötigt, weshalb ein Überblick über verschiedene Betriebsstrategien gegeben wird. Da zum Betrieb eines Antriebsstrangprüfstands eine simulative Modellierung des Hybridfahrzeugs unumgänglich ist, werden zuletzt noch verschiedenen Möglichkeiten zur Fahrzeugsimulation besprochen.

2.1 Grundlagen der Thermodynamik

2.1.1 Wärmekraftmaschinen

Alle Verbrennungsmotoren, unabhängig von ihrem Aufbau oder Brennverfahren, können den sogenannten Wärmekraftmaschinen zugeordnet werden. Als Wärmekraftmaschinen werden jene Maschinen bezeichnet, die thermische Energie in nutzbare mechanische Energie umwandeln können [49]. Hierbei geht ein

© Der/die Autor(en), exklusiv lizenziert an
Springer Fachmedien Wiesbaden GmbH, ein Teil von Springer Nature 2023
J. M. Klingenstein, *Potentialanalyse zum Einsatz teilhomogener Verbrennung im elektrifizierten Antriebsstrang*, Wissenschaftliche Reihe Fahrzeugtechnik Universität Stuttgart, https://doi.org/10.1007/978-3-658-40961-6_2

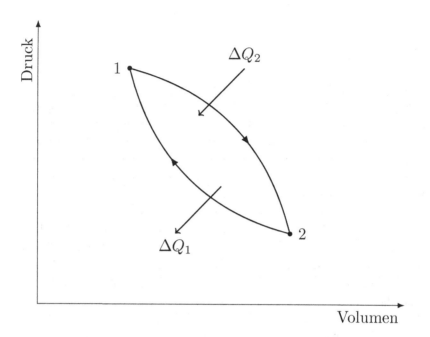

Abbildung 2.1: Beispiel für eine Wärmekraftmaschine im (p,V)-Diagramm

Medium mit einer hohen Temperatur zu einer niedrigeren Temperatur über, wobei im Idealfall die Differenz der, von der Maschine zugeführter und abgeführter Wärme, in mechanische Arbeit umgewandelt wird [49].

$$|\Delta Q_{zu}| - |\Delta Q_{ab}| = |\Delta W| \qquad \text{Gl. 2.1}$$

Als Arbeitsmedium dient bei einer Wärmekraftmaschine meist ein ideales Gas oder Gasgemisch, welches sich in einem geschlossenen System befindet und nicht verbraucht oder variiert wird.

Im (p,V)-Diagramm in 2.1 ist der Energietransport leicht zu erkennen. Das ideale Gas startet zu einem festgelegten Zeitpunkt im Punkt 1 auf der linken Seite mit einer gegebenen inneren Energie U_1, einer Temperatur T_1, einem

Druck p_1 und einem Volumen V_1. Das ideale Gas wird dann in den Punkt 2 überführt, wobei ihm die Wärmemenge ΔQ_{zu} zugeführt wird. Vom Punkt 2 mit den Kenndaten U_2, T_2, p_2 und V_2 wird das Gas mit der Abgabe einer kleineren Wärmemenge ΔQ_{ab} wieder in den Ausgangszustand zurückgeführt. Zu beachten gilt hierbei also, dass am Ende des Kreisprozesses die Kennwerte im Vergleich zum Start des Kreisprozess identisch sind. Auch die innere Energie des idealen Gases ist am Ende wieder dieselbe, obwohl dem System mehr Wärme zugeführt, als abgeführt wurde. Dies resultiert aufgrund der Abgabe mechanischer Arbeit ΔW, welche der Fläche zwischen den Kurven entspricht [2, 49]. Ohne Verluste gilt deshalb:

$$\Delta Q = \Delta Q_{ab} + \Delta Q_{zu} = -\Delta W = \oint p \cdot dV \qquad \text{Gl. 2.2}$$

Die Güte der Fähigkeit, Wärme in mechanische Energie umzuwandeln, wird durch den Wirkungsgrad η definiert. Hierbei gilt, wie für jegliche technische Wirkungsgrade, das Verhältnis von zugeführter Energie zu abgeführter Energie. Im gegebenen Fall also die abgegebene Arbeit durch die aufgenommene Wärme.

$$\eta = \frac{abgegebene\,Arbeit}{aufgenommene\,W\ddot{a}rme} = -\frac{\Delta W}{\Delta Q} \qquad \text{Gl. 2.3}$$

Da wie in Gl. 2.2 gezeigt gilt, $\Delta Q_{ab} + \Delta Q_{zu} = -\Delta W$, folgt daraus für den Wirkungsgrad η:

$$\eta = \frac{\Delta Q_{zu} + \Delta Q_{ab}}{\Delta Q_{zu}} = 1 + \frac{\Delta Q_{ab}}{\Delta Q_{zu}} \qquad \text{Gl. 2.4}$$

Aus Gl. 2.4 wird sofort eine Grundeigenschaft jeglicher Wärmekraftmaschinen ersichtlich. Einerseits ist die zugeführter Wärmemenge ΔQ_{zu}, wie oben erläutert, immer größer als ΔQ_{ab}, was dazu führt, dass der Wirkungsgrad η immer kleiner als eins ist. Andererseits wird ersichtlich, dass es nicht möglich ist, eine Wärmekraftmaschine mit dem idealen Wirkungsgrad $\eta = 1$ zu betreiben, da der Ausgangszustand (Punkt eins von Punkt zwei aus kommend in Abbildung 2.1) nicht ohne einen Wärmestrom erreicht werden kann [49].

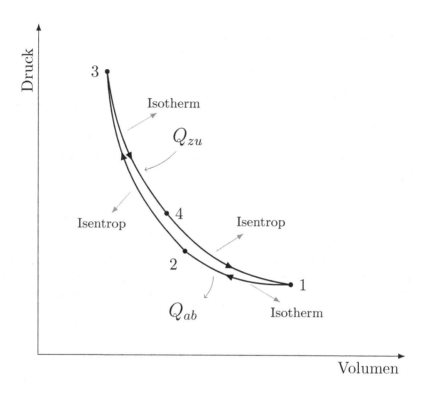

Abbildung 2.2: Carnot-Prozess im (p,V)-Diagramm

2.1.2 Ideale Wärmekraftmaschinen

Eine der bekanntesten idealen Wärmekraftmaschinen ist die Carnot-Maschine, welche nach dem Carnot-Prozess arbeitet, der 1824 von Lazare Hippolyte Carnot definiert wurde [2]. Der Carnot-Prozess wird als „ideale" Wärmekraftmaschine bezeichnet, da eine reale technische Umsetzung nicht möglich ist.

Der Carnot-Prozess setzt sich dabei aus vier thermodynamischen Zustandsänderungen zusammen und ist in Abbildung 2.2 im (p,V)-Diagramm dargestellt.

- $1 \to 2$ isotherme Kompression mit Wärmeabfuhr
- $2 \to 3$ reversibel adiabate Kompression (isentrope Kompression)

- 3 → 4 isotherme Expansion mit Wärmezufuhr
- 4 → 1 reversibel adiabate Expansion (isentrope Expansion)

Von großer Bedeutung sind hierbei vor allem die isotherme Expansion und die isotherme Kompression, da nur während diesen zwei thermodynamischen Zustandsänderungen ein Wärmeaustausch des Systems mit der Umgebung stattfindet [2]. Da es sich um eine isotherme Zustandsänderung handelt, gilt für die isotherme Kompression:

$$T = T_1 = T_2 = const.$$ Gl. 2.5

Aus der idealen Gasgleichung folgt:

$$\frac{p_2}{p_1} = \frac{V_1}{V_2}$$ Gl. 2.6

Mit Hilfe des ersten Hauptsatzes der Thermodynamik kann so die Beziehung zwischen der abgegebenen Wärme und der Volumenänderung bestimmt werden:

$$Q_{ab} = -\int_1^2 dW + \int_1^2 dU = \int_1^2 pdV + m \cdot c_v \cdot \underbrace{\int_1^2 dt}_{=0}$$ Gl. 2.7

Mit $T = const$ folgt:

$$Q_{ab} = \int_1^2 pdV = m \cdot R \cdot \int_1^2 \frac{T}{V} dV = m \cdot R \cdot T_1 \cdot \int_1^2 \frac{dV}{V}$$ Gl. 2.8

$$Q_{ab} = -m \cdot R \cdot T_1 \cdot ln(\frac{V_1}{V_2})$$ Gl. 2.9

Aus der äquivalenten Berechnung erhält man für die isotherme Expansion:

$$Q_{zu} = m \cdot R \cdot T_3 \cdot ln(\frac{V_4}{V_3})$$ Gl. 2.10

Um nun aus der zu- und abgeführten Wärmemenge den Wirkungsgrad der Carnot-Maschine berechnen zu können, gilt wie in Gl. 2.4 dargestellt:

$$\eta = \frac{\Delta Q_{zu} + \Delta Q_{ab}}{\Delta Q_{zu}} = 1 - \frac{m \cdot R \cdot T_1 \cdot ln(\frac{V_1}{V_2})}{m \cdot R \cdot T_3 \cdot ln(\frac{V_4}{V_3})} \qquad \text{Gl. 2.11}$$

Mit Hilfe der adiabaten Zustandsänderungen kann die Beziehung zwischen dem Volumenverhältnis hergeleitet werden. Damit folgt für den Wirkungsgrad η:

$$\frac{V_1}{V_2} = \frac{V_4}{V_3} \rightarrow \eta = 1 - \frac{T_1}{T_3} \qquad \text{Gl. 2.12}$$

Aus der Gleichung des Wirkungsgrads der Carnot-Maschine lassen sich zwei Rückschlüsse für alle Wärmekraftmaschinen ziehen. Erstens ist ersichtlich, dass auch die ideale Wärmekraftmaschine nie den Wirkungsgrad $\eta = 1$ erreichen kann, da die Temperatur T_3 dazu null erreichen müsste. Der dritte Hauptsatz der Thermodynamik hingegen besagt, dass das Erreichen des absoluten Null-punkts mit einer begrenzten Anzahl von Schritten nicht möglich ist [2, 5, 49]. Zweitens wird klar, dass ein realer nicht reversibler Kreisprozess ohne adiabate Zustandsänderungen einen zusätzlichen Wirkungsgradverlust aufweist. Deshalb kann der Wirkungsgrad der Carnot-Maschine als idealer Wirkungsgrad definiert werden [49].

$$\eta_{real} < \eta_{ideal} < 1 \qquad \text{Gl. 2.13}$$

Der Carnot-Prozess ist ein „idealer" Wärmekraftprozess, der in Realität nicht erreicht werden kann. Einerseits müssten die adiabaten Zustandsänderungen in Realität unendlich langsam ablaufen, damit sie reversibel sind. Andererseits ist der Grad der Freisetzung an mechanischer Arbeit zu gering. Wie man in 2.2 sehen kann, ist die Fläche zwischen den Kurven sehr klein. Diese Fläche entspricht der im Kreisprozess erzeugten Arbeit. In Gl. 2.7 wird gezeigt, dass die erzeugte Arbeit die Fläche zwischen den Kurven entspricht. Daraus folgt, dass die verrichtete Arbeit des Kreisprozesses sehr klein ist, was zur Untauglichkeit der Maschine führen würde.

2.1.3 Reale Wärmekraftmaschinen

Der Verbrennungsmotor als Spezialfall der Wärmekraftmaschinen unterscheidet sich von den bisher vorgestellten thermodynamischen Kreisprozessen vor allem durch zwei Punkte. Erstens wird er in der Realität eingesetzt, da er genug mechanische Arbeit freisetzen kann, um einen Zweck zu erfüllen. Zweitens sind die einzelnen Zustandsänderungen des Kreisprozesses nicht reversibel.

Zusätzlich erfüllt der Verbrennungsmotor noch die Spezialeigenschaft nicht nur Wärme in Arbeit umzuwandeln, sondern ebenfalls chemische, im Kraftstoff gespeicherte Energie, in Wärmeenergie zu überführen. Daraus resultiert, dass ohne große Wärmespeicher gewaltige Mengen an Arbeit und Leistung abgerufen werden können.

Um diese größere Arbeit zu erzeugen, muss, wie aus Gl. 2.2 ersichtlich, die Fläche im (p,V)-Diagramm größer sein als in den bisher vorgestellten Fällen. Der Vergleichsprozess, der dem idealisierten Verbrennungsmotor am nächsten kommt, wird Seiliger-Prozess genannt [5, 39].

Wie man in Abbildung 2.3 erkennen kann, besitzt der Seiliger-Prozess eine zusätzliche thermodynamische Zustandsänderung. Hergeführt wird dies durch die Aufteilung der Wärmezufuhr in einen isochoren und isobaren Teil. Da bei thermodynamischen Kreisprozessen die Wärmezufuhr meist zwischen den Punkten 2 und 3 stattfindet, wird der Endpunkt der zweiten Wärmezufuhr als 3* definiert. Der Kreisprozess setzt sich aus den folgenden Zustandsänderungen zusammen [39]:

- 1 → 2 isentrope Kompression
- 2 → 3 isochore Wärmezufuhr
- 3 → 3* isobare Wärmezufuhr
- 3* → 4 isentrope Expansion
- 4 → 1 isochore Wärmeabfuhr

Findet die Wärmezufuhr nur während jeweils einer Zustandsänderung statt, erhält man die zwei Prozesszyklen, aus denen sich der Seiliger-Prozess zusammensetzt. In Abbildung 2.4 werden diese dargestellt.

Beim sogenannten Gleichdruckprozess, auch idealer Dieselmotorprozess genannt, findet eine isobare Wärmefreisetzung statt. Dem entgegengesetzt erhält

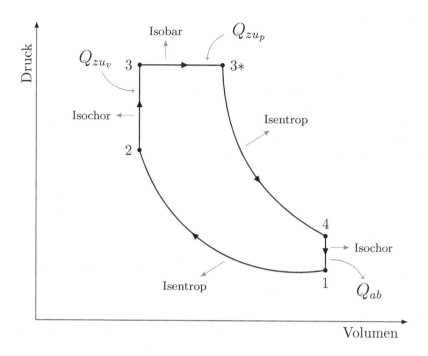

Abbildung 2.3: Seiliger-Prozess im (p,V)-Diagramm

man bei einer rein isochoren Wärmefreisetzung den Gleichraumprozess, der auch als idealer Ottomotorprozess bezeichnet wird. Die Bezeichnungen sind jedoch etwas irreführend, da weder der Ottomotor eine unendlich schnelle Verbrennung, noch der Dieselmotor eine isobare Verbrennung aufweist [5, 41]. Wirkungsgradtechnisch weist der Gleichraumprozess aufgrund seiner unendlich schnellen Verbrennung den höchsten Wirkungsgrad der drei Vergleichsprozesse auf. Der Gleichdruckprozess hat bei gleicher Wärmezufuhr Q_{zu} den niedrigsten Wirkungsgrad und der Seiliger-Prozess ordnet sich zwischen den beiden anderen ein [39].

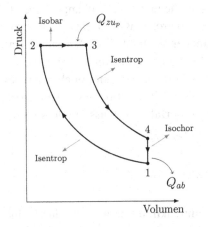

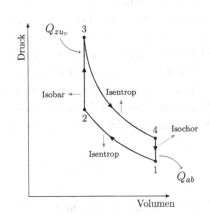

(a) Gleichdruckprozess im (p,V)-Diagramm   (b) Gleichraumprozess im (p,V)-Diagramm

Abbildung 2.4: Grenzfälle des Seiligerprozesses

Offene Vergleichsprozesse - der vollkommene Motor

Die bisher gezeigten realen Vergleichsprozesse weisen immer noch viele Vereinfachungen auf. Bei allen Verbrennungsmotoren handelt es sich schließlich weder um einen geschlossenen Prozess, da ein Austausch des Arbeitsmediums stattfindet, noch um ein ideales und reines Arbeitsgas. Zur tiefergehenden Untersuchung wird daher oft der vollkommene Vergleichsprozess herangezogen, der verschiedene Anpassungen der Randbedingungen voraussetzt [2, 39]:

- Offener Prozess mit Austausch des Arbeitsmediums
- Ladungswechsel findet ohne Verluste im unteren Totpunkt statt
- Isentrope Expansion und Kompression finden mit Variablen c_p und c_v statt, welche eine Temperaturabhängigkeit besitzen
- Es existiert kein Wärmeverlust während des Kreisprozesses
- Leckage wird ausgeschlossen
- Das Luft-Kraftstoffgemisch entspricht dem des realen Motors
- Jeder Kreisprozess startet mit einem vollständig gespülten Zylinder, also einem reinen Kraftstoff-Luft Gemisch ohne Restgas

Eine der wichtigsten Anpassungen ist dabei die temperaturabhängige spezifische Wärmekapazität. Die Abhängigkeit ist so groß, dass zwischen $1000K$ und $2000K$ die spezifische Wärmekapazität um den Faktor $1,7 - 1,8$ ansteigt, was erheblichen Einfluss auf die berechneten Endtemperaturen und die freigesetzte Leistung hat. Ab $2000K$ steigt $c_v(T)$ mit größerer Steigung noch schneller an. Die Ursache für den starken Anstieg ist die Dissoziation des Arbeitsgases. Zu großen Teilen ist dafür der endotherme Zerfall von Wassermolekülen zu Wasserstoff und Sauerstoff verantwortlich [5].

$$2 \cdot H_2O \xrightarrow{\text{endothermer Zerfall}} 2 \cdot H_2 + O_2 \qquad \text{Gl. 2.14}$$

Der endotherme Zerfall entzieht der Gesamtreaktion Energie, was durch eine steigende spezifische Wärmekapazität berücksichtigt wird. Da es sich um einen chemischen Zerfall handelt, sinkt der Einfluss der Dissoziation mit steigendem Druck jedoch wieder ab [2, 5, 39].

2.2 Dieselmotorische Grundlagen

2.2.1 Allgemeines

Es existieren verschiedene Möglichkeiten, das Kraftstoff-Luft-Gemisch aufzubereiten. Im Gegensatz zum klassischen Ottomotor mit äußerer Gemischbildung, findet beim Dieselmotor die Gemischbildung im Brennraum statt (sog. innere Gemischbildung). Der konventionelle Dieselmotor verdichtet nicht das Gemisch, sondern zunächst nur die im Brennraum befindliche Luft. Kurz vor dem oberen Totpunkt wird der Kraftstoff in die heiße, hoch verdichtete Verbrennungsluft eingespritzt. Die Gemischbildung findet in einer sehr kurzen Zeitspanne statt und entzündet sich bei Erreichen der Zündbedingungen von selbst. Dieselmotoren sind daher Verbrennungskraftmaschinen mit innerer Gemischbildung und Selbstzündung. Die für die Selbstzündung erforderlichen Bedingungen werden durch eine hohe Verdichtung ($12 < \varepsilon < 21$) und durch zündwilligen Kraftstoff erreicht [41].

Die Energieumsetzung wird beim Dieselmotor durch die Einspritzrate und die Geschwindigkeit der Gemischbildung beeinflusst. Durch die heterogene Gemischbildung gibt es, anders als beim Ottomotor, keine Flammenausbreitung und dadurch auch keine Gefahr des „Klopfens", was eine hohe Verdichtung in Verbindung mit hohen Ladedrücken ermöglicht. Der Dieselmotor kann daher höhere Wirkungsgrade erzielen. Die Grenze der Verdichtung und des Ladedrucks stellt beim Dieselmotor die Bauteilsicherheit in Form eines maximal zulässigen Zylinderdrucks dar. Moderne Pkw-Motoren erreichen Maximaldrücke im Bereich von $160 - 180$ bar. Die notwendige Zeit für die innere Gemischbildung begrenzt die Maximaldrehzahl eines Dieselmotors und beträgt nur selten über 4800min^{-1} [41].

Nachteile in der Leistungsdichte können durch eine Aufladung des Motors wieder ausgeglichen werden. Die Erhöhung der Luftdichte führt zu einer Erhöhung der effektiven Leistung. Mithilfe von Aufladung ändert sich der motorische Prozess nicht prinzipiell, sondern das Druckniveau wird angehoben. Vor der Kompression im Zylinder, ist im Luftpfad des Motors ein Verdichter und nach der Expansion eine Turbine angebracht [2]. In heutigen Fahrzeugen hat sich der Abgasturbolader durchgesetzt, welcher das Abgas nutzt, um eine Turbine anzutreiben, die auf einer Welle mit dem Verdichter sitzt. Der Verdichter sorgt für eine Druckerhöhung und somit Dichtesteigerung der Ladeluft. Die zusätzliche Drosselstelle im Abgastrakt erhöht jedoch die Ausschiebearbeit während des Ladungswechsels. Dennoch steigt der Motorwirkungsgrad durch die Ausnutzung eines Teils der Abgasenthalpie an.

Um den Ladedruck betriebspunktabhängig zu regeln, kann die Turboladerdrehzahl über den effektiven Turbinenhalsquerschnitt beeinflusst werden. Bei geringerer Motordrehzahl führt eine Verkleinerung des effektiven Querschnitts zu einem Anstieg des Enthalpiegefälles über die Turbine und erhöht somit die Turbinenleistung und den Ladedruck. Bei hohen Drehzahlen kann durch eine Vergrößerung des Querschnittes der Abgasgegendruck gesenkt werden. Die Änderung des Turbinenhalsquerschnitts erfolgt über das Verstellen der Leitschaufeln (variable Turbinengeometrie VTG). Die Drucksteigerung im Verdichter geht mit einer unterproportionalen Temperaturerhöhung einher, die nach der thermischen Zustandsgleichung eine Dichteabnahme und damit Leistungseinbuße zur Folge hat. Um die Dichte dennoch steigern zu können, wird die Frischluft durch einen Ladeluftkühler, annähernd isobar, abgekühlt. Die gesteigerte Dichte bewirkt eine bessere Zylinderfüllung und damit eine Leistungserhöhung.

Wurde der Kraftstoff früher noch in eine Wirbel- oder Vorkammer gespritzt, erfolgt die Einspritzung bei modernen Dieselmotoren direkt in den Brennraum. Durch die Direkteinspritzung ergeben sich deutliche Luft/Kraftstoff-Gradienten über den Verbrennungsraum: im Kern liegt nahezu kein Sauerstoffmolekül vor ($\lambda \approx 0$); an anderen Stellen im Brennraum liegt hingegen fast ausschließlich reine Luft vor ($\lambda \to \infty$). Diese große Bandbreite an Luft-Kraftstoff-Verhältnissen in Verbindung mit der kurzen Zeitspanne für die Gemischbildung, macht eine vollständige Ausnutzung der Luft bei der inhomogenen Verbrennung des konventionellen Dieselmotors unmöglich. Konventionelle Dieselmotoren arbeiten auch bei Volllast noch mit einem Luftüberschuss von 5 bis 15 %. Dieser Luftüberschuss führt auch dazu, dass kein Drei-Wege-Katalysator eingesetzt werden kann, da dieser für die korrekte Funktion ein enges Band um $\lambda = 1$ erfordert [41].

Durch das stark inhomogene Gemisch im Brennraum gibt es auch lokale Temperaturunterschiede. So herrschen die höchsten Temperaturen außerhalb des Kraftstoffstrahls, während im Strahlkern deutlich geringere Temperaturen vorherrschen. Die Bereiche mit hohen Temperaturen und Luftüberschuss begünstigen die Bildung von Stickoxiden. In den Randzonen der kühleren Flammenaußenzone und magerem Milieu reicht die Temperatur nicht aus, um eine vollständige Oxidation des Kraftstoffs zu gewährleisten. Unverbrannte Kohlenwasserstoffe sind die Folge. In Bereichen mit Luftmangel, also im Strahlkern, werden Rußpartikel und Kohlenmonoxide gebildet. Moderne Dieselmotoren reduzieren die Rußpartikel noch im Brennraum durch Oxidation der Partikel um bis zu 95 %. Dies wird durch die Erzeugung hoher Turbulenz während des Expansionstaktes erreicht. Gegenüber dem Ottomotor haben Dieselmotoren den Vorteil eines höheren Gesamtwirkungsgrades. Zum Einen durch die innere Gemischbildung und zum anderen durch das Lastregelverfahren (Qualitätsregelung) [41].

2.2.2 Einspritzung und Gemischbildung

Einer der wichtigsten Parameter eines technischen Verbrennungsvorganges ist die Einspritzung und Aufbereitung des Kraftstoffs. Die Einflussgrößen der Gemischbildung sind, neben der Brennraumauslegung und der Gestaltung des Einlasskanals (Quetschströmung, Luftdrall) hauptsächlich die Einspritzung. Das Einspritzsystem dosiert den Kraftstoff unter Erzeugung des erforderlichen Einspritzdruckes und spritzt diesen als Strahl in den Brennraum ein. Um eine gute Vermischung mit der Verbrennungsluft zu ermöglichen, sollte dieser möglichst schnell zerfallen [41].

Als „Luftdrall" wird die um die Zylinderachse rotierende Festkörperströmung bezeichnet, welche durch die Form des Einlasskanals induziert wird. Mit zunehmender Kolbengeschwindigkeit und Motordrehzahl steigt der Luftdrall an. Dieser sorgt für das Aufreißen des Kraftstoffstrahls und begünstigte dadurch die Vermischung mit der Verbrennungsluft. Mit zunehmendem Luftdrall steigen allerdings auch die Wandwärme- und die Füllungsverluste an, was zu einer Reduzierung des Gaswechselwirkungsgrad führt. Spiralkanäle erzeugen eine Spiralbewegung der Luft und ermöglichen eine lineare Steigerung des Dralls mit der Motordrehzahl, was ein guter Kompromiss zwischen erforderlichem Drallniveau und Liefergradverlust darstellt. Durch Abschalten eines Einlasskanalventils im unteren Drehzahlbereich, kann der Drall angehoben und an die in diesem Bereich kurze Spritzdauer angepasst werden [41].

Während des Kompressionshubs wird die Luft zunehmend in die Kolbenmulde gequetscht, wodurch sich der Luftdrall erhöht. Je kleiner die Mulde, desto größer der Drall. Mit Annäherung an den oberen Totpunkt wird der Drall zunehmend von einer Quetschströmung überlagert, welche durch die Verdrängung der, zwischen Kolbenboden und Zylinderkopf befindliche Luft, in Richtung Kolbenmulde entsteht. Diese Quetschströmung unterstützt den Impulsaustausch zwischen Brennraumluft und Einspritzstrahl. Die hochturbulente Strömung verstärkt so die Gemischbildung und beschleunigt die Verbrennung [41].

Die kinetische Energie des Kraftstoffstrahls ist der dominierende Parameter für die Gemischbildung. Sie hängt von der Kraftstoffmasse und dem Druckgefälle an der Einspritzdüse ab. Zusammen mit dem Strahlkegelwinkel bestimmt sie den Impulsaustausch zwischen Brennraumluft und Kraftstoffstrahl. Der Strahlkegelwinkel wiederum ist abhängig von der Düseninnenströmung und damit von der Düsengestaltung, dem anliegenden Druck und der Luftdichte. Zunehmende Kavitation im Spritzloch führt zu einer Vergrößerung des Strahlkegelwinkels und einem stärkeren Impulsaustausch. Für Speichereinspritzsysteme ist der Raildruck die entscheidende Größe für die Strahlenergie. Der Strahl fördert den Kraftstoff in die äußeren Bereiche des Brennraums. Ein konstanter oder ansteigender Druck über der Einspritzdauer ist von Vorteil, um die äußersten Brennraumbereiche zu erfassen. Dies begünstigt die Nutzung der Brennraumluft und sorgt für eine höhere Leistungsdichte. Die Strahleindringtiefe ist eine Funktion des am Spritzloch anliegenden Druckes, des Spritzloch-Durchmessers, der Kraftstoffdichte, des Reziprokwertes, der Luftdichte und der Zeit nach Spritzbeginn. Der Strahlimpuls muss durch eine Druckerhöhung ausgeglichen werden. Steigender Einspritzdruck sorgt für einen verstärkten Lufteintritt im Strahl und Erhöhung des lokalen λ. Mit zunehmendem Einspritzdruck nimmt die Bedeutung von Drall und Quetschströmung ab. NFZ-Diesel arbeiten mit Einspritzdrücken von über 2000 bar bei Acht- bis Zehn-Lochdüsen und sind nahezu frei von Drall- und Quetschströmung. Pkw-Motoren nutzen sehr stabile Drallströmungen zur Rußoxidation während der Expansion. Tiefe, enge Kolbenmulden begünstigen dabei eine Quetschströmung [41].

Die Verdampfung und Gemischbildung muss in wenigen Millisekunden abgeschlossen sein. Dazu ist es erforderlich, dass der Strahl sehr schnell in viele kleine Tropfen zerfällt, um eine große Oberfläche zu bilden. Der Strahlzerfall ist durch zwei Mechanismen geprägt: der im Bereich nahe der Düse durch turbulente Strömung und Kavitation bedingte „Primärzerfall" und der „Sekundärzerfall" im Fernfeld der Düse durch aerodynamische Kräfte. Der „Primärzerfall" des Kraftstoffstrahls wird durch die Umverteilung des Geschwindigkeitsprofils im Inneren des Profils, Turbulenz und Kavitation beeinflusst. Kavitation entsteht durch die Bewegung des in der Düse turbulent strömenden Kraftstoffes. Mit Kenntnis von sowohl Geschwindigkeits- und Turbulenzgrößen als auch des Volumenanteils von Dampf und Gas lassen sich Größe und Anzahl der Kavitationsblasen ermitteln. Kavitationsblasen im Spritzloch der Düse beeinflussen sowohl den Strahlzerfall, die Strahlausbreitung und die Tropfenbildung, als auch die Belagsbildung im Loch und die Haltbarkeit der Düse. Die Bildung von Kavitationskeimen, durch Ausgasen von im Kraftstoff gelösten Gasen, entsteht durch lokale Unterschreitung des Sättigungsdampfdruckes und wird durch die Kraftstofftemperatur und –zusammensetzung bedingt.

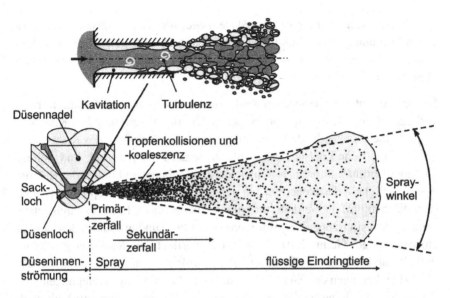

Abbildung 2.5: Schema der Kraftstoffstrahlausbreitung im Brennraum [7]

Ist der Strahl direkt am Düsenaustritt noch ein kompakter flüssiger Strahl, zerfällt er in einem Abstand, der Fünf bis 10 mal dem Düsenlochdurchmesser entspricht, in Luft- und Kraftstoffdampfblasen [41].

Durch den „Sekundärzerfall" findet die Atomisierung des Einspritzstrahls statt: aus groben Ligamenten über Zerteilung in mittelfeine Tropfen sowie Zerstäubung zu mikrofeinen Tröpfchen. Deren Entstehung ist für das schnelle Aufheizen und die Verdampfung und damit zur Verkürzung des Zündverzugs erforderlich. Für den Sekundärzerfall spielen hauptsächlich aerodynamische Kräfte eine wichtige Rolle. Zwei gleichzeitig ablaufende Effekte sind verantwortlich:

- die Verformung der, durch die Reibungskräfte abgebremsten Primärtropfen, infolge der höheren Trägheit des Strahlkerns gegenüber dem Strahlrand

- das Abscheren von Tröpfchen infolge des, an den Flanken zerwellenden Strahlrandes

Ein Druckanstieg über die Einspritzdauer begünstigt den Impulsaustausch zwischen Luft und Kraftstoff und sorgt für einen raschen Zerfall. Mit steigendem Druck sinkt auch der statistisch mittlere Tropfendurchmesser (Sauter Mean Diameter) [41].

Für den Ablauf von chemischen Reaktionen muss der Kraftstoff dampfförmig vorliegen. Dem Wärmetransport zwischen der erhitzte Luft und dem Kraftstoff kommt eine entscheidende Bedeutung, bei der Verdampfung des Kraftstoffes zu. Die kinetische Energie des Strahls sowie der Einspritzdruck sind weitere wichtige Einflussfaktoren. Je feiner die Zerstäubung und höher die Relativgeschwindigkeit, desto eher wird in der äußeren Hülle der Tropfenoberfläche (Oberflächenfilm) die Verdampfungstemperatur erreicht. In der dadurch entstehenden Diffusionszone (Reaktionszone) kann die Zündung stattfinden, sobald ein zündfähiges Gemisch ($0,3 < \lambda < 1,5$) vorliegt. Die Reaktionsgeschwindigkeit zur Bildung von Zündradikalen, infolge thermischer Anregung der Moleküle, bedingen das Zündverhalten. Die Selbstzündungsbedingungen werden sowohl durch thermodynamische Zustände (Druck, Temperatur), als auch durch lokale Dampfkonzentrationen bestimmt. Die Cetanzahl CZ beschreibt die Zündwilligkeit des Kraftstoffs, wobei dem sehr zündwilligen n-Hexadekan (Cetan) die Kennzahl 100 zugeordnet wird. Dem zündträgen Methylnaphtalin wird die Kennzahl 0 zugeordnet. Für das Dieselbrennverfahren sind Cetanzahlen von $CZ > 50$ wünschenswert [41].

In Abb. 2.6 ist der Zündverzug bei einem Dieselmotor mit Direkteinspritzung dargestellt, wobei Förderbeginn (1), Einspritzbeginn (2), Zündbeginn (3), Einspritzende (4) und Zündverzug (5) dargestellt sind. Die Zeit zwischen Einspritzbeginn und Zündbeginn, dem sog. Zündverzug, kommt hinsichtlich Wirkungsgrad, Emission, Geräusch und Bauteilbelastung Bedeutung zu und ist wesentliches Merkmal der dieselmotorischen Verbrennung. Der Zündverzug besteht aus einem physikalischen und einem chemischen Anteil. Der physikalische Anteil umfasst den primären und sekundären Zerfall, sowie die Verdampfung und Vermischung zu einem zündfähigen Gemisch. Der chemische Anteil beschreibt die Zeitspanne, in der sich in einer Vorreaktion die Zündradikale (z.B. OH) bilden. Hochaufgeladene Dieselmotoren mit 2000 bar Einspritzdruck haben Zündverzüge im Bereich $0,3 - 0,8$ ms. Saugmotoren $1 - 1,5$ ms. Das erste Zünden ereignet sich üblicherweise am Strahlrand (sog. „Lee").

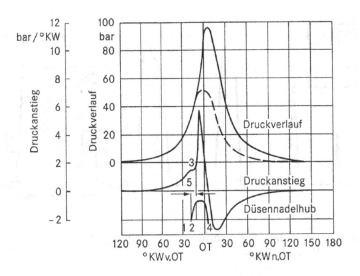

Abbildung 2.6: Zündverzug bei einem Dieselmotor mit Direkteinspritzung [41]

In dieser Diffusionszone treten geringere λ-Gradienten und damit geringere Inhomogenitäten als auf der „Luv"-Seite auf [41].

Ein wesentliches Merkmal des Dieselmotors ist, dass die Verbrennung durch den Zeitpunkt und die Art der Kraftstoffeinbringung gesteuert werden kann, wovon der Wirkungsgrad profitiert. Allerdings entsteht hierdurch auch der Trade-off zwischen Partikel- und Stickoxid-Emissionen, sowie zwischen Kraftstoffverbrauch und Stickoxid-Emissionen. Je weniger flüssiger Kraftstoff auf die Brennraumwände trifft und je besser der Kraftstoff in der Verbrennungsluft verweilt, desto besser lässt sich der Brennverlauf durch die Einspritzrate formen. Mit elektronisch betätigten Steuerelementen, kombiniert mit Speichereinspritzsystemen (Common-Rail), lassen sich Einspritzverlaufsformung (siehe Abb. 2.7), Mehrfachvoreinspritzung und/oder Mehrfachnacheinspritzungen realisieren.

Piezo-Injektoren ermöglichen höhere Schaltfrequenzen und eine definierte Wegvorgabe des Schaltelements. Da die Spritzdauer meist länger ist als der Zündver-

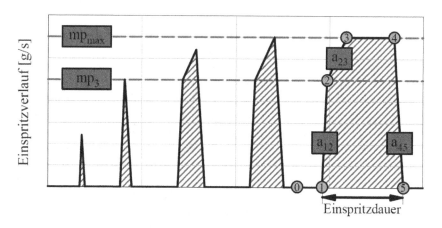

Abbildung 2.7: Beispiele der Einspritzverlaufsformung in Abhängigkeit der Einspritzdauer [1]

zug, wird nur ein kleiner Teil des Kraftstoffes vor Zündbeginn eingespritzt. Dieser Kraftstoffanteil hat hohe λ-Werte und niedrige λ-Gradienten und vermeidet dadurch die Bildung von Rußpartikeln. Diese vorgemischte Flamme ist jedoch verantwortlich für einen wesentlichen Teil der Stickoxidemissionen. Zudem werden die Verbrennungsgeräusche und der Kraftstoffverbrauch beeinflusst. Je größer der Anteil der vorgemischten Flamme (Gleichraumverbrennung), desto geringer der Verbrauch, jedoch stärker das Verbrennungsgeräusch. Der Großteil des Kraftstoffs wird während der Verbrennung eingespritzt. In der sich nun bildenden Diffusionsflamme (Gleichdruckverbrennung) wird aufgrund der lokal niedrigen λ-Werte wenig NO_x, aber viel Ruß gebildet. Der hohe Rußanteil kann durch innermotorische Rußoxidation bei günstigen Bedingungen (hohe Temperaturen, Luftüberschuss und kleine koagulierte Partikel) deutlich reduziert werden. Die notwendige Turbulenz kann durch hohe Einspritzdrücke (damit hohe Strahlkinetik) erzeugt werden. Zudem kann durch Nacheinspritzungen eine Steigerung der Temperatur und Turbulenz und damit eine stärkere Rußoxidation erzielt werden. Um Wärmeverluste zu vermeiden, sollte die Energieumsetzung möglichst früh abgeschlossen sein, jedoch sollte noch eine bestimmte Restwärmemenge vorhanden sein, da Abgasnachbehandlungssysteme meist eine gewisse Abgastemperatur und -zusammensetzung benötigen [41].

2.2.3 Konventionelle Dieselmotorische Verbrennung

Als Verbrennung wird im Allgemeinen eine sich selbst unterhaltende Oxidation eines Brennstoffs mit Abgabe von Wärmeenergie und Licht definiert [30]. Die Verbrennung beginnt mit einer „Zündung" in verschiedenen zündfähigen Reaktionszonen, die durch eine Radikalbildung die Zündung und Verbrennung des Luft-Kraftstoffgemisches einleiten. Der Begriff „Zündung" wird einem zeitabhängigen, instationären Prozess zugeordnet, bei dem beginnend bei einem Element oder einer chemischen Verbindung eine Reaktion startet, die zu einer stationär brennenden Flamme führt [30]. Die Erläuterung der Vielzahl an chemischen Vorgängen, welche zur Zündung führen, werden aufgrund ihrer Komplexität meist nur vereinfacht dargestellt. Es existieren dabei zwei theoretische Grundlagen, um diese Zündung zu erklären. Die thermische Explosion und die Kettenexplosion. Bei der thermischen Explosion wird die entstehende Reaktionswärme nicht schnell genug abgeführt, was dazu führt, dass die Systemtemperatur stark ansteigt. Die höhere Systemtemperatur bewirkt wiederum eine höhere Reaktionsgeschwindigkeit und eine noch schnellere Wärmefreisetzung, was dann schlussendlich zu einer Explosion führen kann. Bei der Kettenexplosion kommt es zunächst zu einem Zündverzug bei konstanter Temperatur, währenddessen mehr kettenverzweigende als kettenabbrechende Reaktionen stattfinden, wodurch die Anzahl der Radikale zunimmt, was die nachfolgende Zündung und Temperaturerhöhung bewirkt [1, 59, 60]. Im Gegensatz zu den Startreaktionen, bei denen erste Radikale aus stabilen Spezies gebildet werden und den kettenverzweigenden Reaktionen, bei denen die Anzahl der Radikale weiter erhöht werden, kommt es bei den kettenabbrechenden Reaktionen zur Bildung von längeren Kohlenwasserstoffen, welche reaktionsträge sind. Diese kettenabbrechenden Reaktionen finden oft an den Brennraumwänden statt.

Die Zündung kann weiter unterschieden werden in eine ein- und mehrstufige Zündung. Die erste Chemische Reaktion ist für alle Zündungen gleich. Es handelt sich um die Bildung von Alkylradikalen durch eine Reaktion des Brennstoffes mit Sauerstoff oder OH. Die Menge der entstehenden Alkyle ist dabei abhängig von der vorliegenden Temperatur, da die Reaktion mit Sauerstoff eine hohe Aktivierungsenergie benötigt.

Die einstufige Zündung findet nach der Alkylbildung bei hohen Temperaturen über 1100 K statt. Die Alkyle erfahren dabei einen thermischen Zerfall, auch

β-Zerfall genannt, bei dem die längerkettigen Alkyle in immer kleinere Alkyle zerfallen [1, 15, 51].

Zwischen 1100 K und 850 K kommt es durch die Reaktion mit HO_2 zu einer Kettenverzweigung.

$$R\cdot + O_2 \longrightarrow \text{Alken} + HO_2 \qquad \text{Gl. 2.15}$$
$$HO_2 + RH \longrightarrow H_2O_2 + R\cdot \qquad \text{Gl. 2.16}$$
$$H_2O_2 \longrightarrow OH + OH \qquad \text{Gl. 2.17}$$

Unterhalb von 850 K werden durch eine Reaktion mit Sauerstoff vor allem Alkylperoxide $\cdot RO_2$ gebildet.

$$R + O_2 \longrightarrow RO_2 \qquad \text{Gl. 2.18}$$

Diese Reaktion ist reversibel und verschiebt sich bei Temperaturen, die oberhalb von 800 K liegen, in Richtung der Edukte. Erreicht die Konzentration an Alkylperoxiden einen kritischen Wert, kommt es zum Zerfall eben dieser Alkylperoxide, was zu einer ersten Wärmefreisetzung führt. Während dieser sogenannten kalten Flamme wird vor allem Formaldehyd (CH_2O) gebildet. Da die Temperatur durch die Wärmefreisetzung ansteigt, verschiebt sich das Gleichgewicht von Gl. 2.18 nach links, was zu einem Rückgang an freigesetzten Alkylperoxiden führt, weshalb die Zündung nicht fortgesetzt werden kann. Der Zeitabschnitt, in dem sich trotz steigender Temperatur der Zündverzug verlängert, wird als negativer Temperaturkoeffizient bezeichnet (NTC). Durch einen weiteren Temperaturanstieg kommt es zur Kettenreaktion der Formaldehyde, der blauen Flamme, welche durch eine Wärmefreisetzung die Entstehung von großen Mengen an Kohlenstoffmonoxid begünstigt. Diese wird dann mit dem restlichen Sauerstoff nach kurzer Zeit zu Kohlendioxid umgesetzt, was die Hauptwärmefreisetzung der Verbrennung bewirkt. Die verschiedenen Vorgänge in ihrer zeitlichen Einordnung sind in Abbildung 2.8 dargestellt.

Experimentell kann die Phase der blauen Flamme schlecht erfasst werden, da die Zeitspanne, in der sie auftritt, klein ist. Deshalb wird der Niedertemperatur-

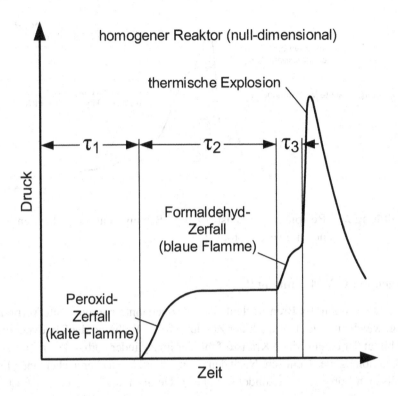

Abbildung 2.8: Mehrstufige Entzündung [1, 61]

Entflammungsvorgang oft als zweistufiger Prozess dargestellt. Das mehrstufige Zündverhalten ist charakteristisch für Dieselmotoren mit voll- oder teilhomogenem Brennverfahren, bei dem der Kraftstoff sehr viel früher als bei konventionellen Dieselmotoren bei geringem Brennraumdruck und geringer Brennraumtemperatur eingebracht wird. Bei konventionellen Dieselmotoren findet die Zündung hauptsächlich einstufig statt [1, 6, 15, 68].

Beim konventionellen Dieselmotor kann die nach der Zündung einsetzende Verbrennung in drei Phasen unterteilt werden: vorgemischte Verbrennung, Hauptverbrennung und Nachverbrennung (siehe Abbildung 2.9).

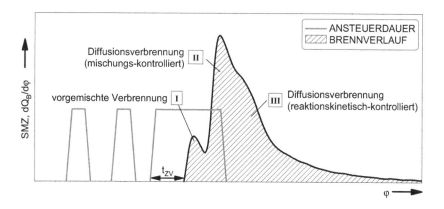

Abbildung 2.9: Beispielhafter Einspritz- und Brennverlauf eines konventionellen Dieselmotors [1]

Vorgemischte Verbrennung (I)

Der erste Bereich des Brennverlaufs ist die sogenannte vorgemischte Verbrennung, welche unmittelbar nach der Zündung folgt. Während der Zündverzugszeit bildet der eingespritzte Kraftstoff mit der im Zylinder vorhandenen Luft ein nahezu homogenes Gemisch. Nach den oben aufgeführten chemischen und physikalischen Vorgängen entzündet sich dieses Gemisch und verbrennt aufgrund der guten Homogenisierung sehr schnell. Der Gradient der Wärmefreisetzung ist während der vorgemischten Verbrennung hauptsächlich von der Geschwindigkeit der chemischen Reaktionen und der Menge an gebildetem homogenen Gemisch abhängig. Durch den starken Druckanstieg im Zylinder entsteht das für den Dieselmotor typische Verbrennungsgeräusch. Der dabei maximal auftretende Druckgradient, auch Dieselschlag genannt, dient als qualitatives Maß für das Verbrennungsgeräusch. Bei kalten Motoren steigt die Zündverzugszeit und ein größerer Teil an Kraftstoff wird schlagartig umgesetzt, weshalb der Druckgradient noch größer ist, und akustisch zum bekannten „Dieselnageln" führt. Ein steiler Anstieg des Druckverlaufs wird dabei als „harte" Verbrennung und ein weniger aggressiver Druckverlauf als „weiche" Verbrennung definiert. Ein weiterer negativer Aspekt, neben den Geräuschemissionen, ist die vermehrte Bildung von Stickoxiden, welche aus der lokalen Temperaturerhöhung resultiert [39].

Eben diese Geschwindigkeit, mit der der Druck im Zylinder steigt, kann durch mehrere Möglichkeiten beeinflusst werden. Durch eine Verschiebung des Einspritzbeginns nach früh wird die Verbrennung härter. Äquivalent wird sie bei einer Verschiebung nach spät weicher. Wie in Abbildung 2.9 dargestellt, werden jedoch meist Voreinspritzungen eingesetzt, um das Verbrennungsgeräusch merklich zu reduzieren und um eine weichere Verbrennung zu erzeugen. Bei der Voreinspritzung werden dem Zylinder nur kleine Mengen der gesamten eingebrachten Kraftstoffmenge zugeführt. Diese sorgt nach dem Zündverzug nur für eine geringe Wärmefreisetzung und damit zu einem vergleichbar kleinen Druckanstieg. Die dadurch erzeugte Wärme erhöht die Temperatur im Brennraum so weit, dass die Zündverzugszeit der Haupteinspritzung deutlich verringert wird, was zu einer Reduzierung des Anteils der Vormischverbrennung führt. Da die Voreinspritzung jedoch den Stofftransport der Luft in die unverbrannten Zonen des Kraftstoffstrahls verringert, kann eine gute Sauerstoffversorgung nicht gewährleistet werden, was zu erhöhten Rußemissionen führt [1, 39]. In Abbildung 2.7 ist die dritte Möglichkeit zur Beeinflussung des Druckgradienten dargestellt. Durch die beeinflussbare Form der Haupteinspritzung kann die Kraftstoffmenge, die während des Zündverzugs eingebracht wird, reduziert werden. Die Vormischverbrennung wird dadurch abgeschwächt, was zu geringeren Geräusch- und Stickoxidemissionen führt [1].

Hauptverbrennung (II)

Nach der vorgemischten Verbrennung folgt die Hauptverbrennung. Diese wird auch als mischungskontrollierte Diffusionsverbrennung bezeichnet, da aufgrund der hohen Temperatur die Rate der Wärmefreisetzung hauptsächlich durch die turbulenten Mischungsvorgänge zwischen Kraftstoff und Luft beeinflusst wird. Während der Hauptverbrennung treten Einspritzung, Strahlaufbruch, Kraftstoffverdampfung, Homogenisierung und Verbrennung gleichzeitig auf. Der verdampfte Kraftstoff diffundiert an den Rand der Diffusionsflamme, wo der Sauerstoffanteil hoch ist, bildet dort ein zündfähiges Gemisch und verbrennt [39]. Eine Erhöhung der Turbulenz verstärkt die Mischungsvorgänge und kann so den Verbrennungsverlauf positiv beeinflussen. Nachdem die maximalen Gastemperaturen erreicht sind, endet die Hauptverbrennung [1].

Nachverbrennung (III)

Nachdem die Einspritzung endet, wird dem System über den Kraftstoffstrahl kein Impuls mehr zugeführt. Dadurch verringert sich die Mischungsgeschwindigkeit der teiloxidierten Produkte in der Flammenmitte und der Diffusionsflamme am Rand. Dies hat einen negativen Einfluss auf die noch mischungskontrollierte Verbrennung. Durch die Expansion des Brennraumgases, welche aufgrund der Kolbenbewegung erfolgt, verringert sich ebenfalls die Brennraumtemperatur. Dies sorgt für sinkende Reaktionsraten der chemischen Reaktionen, weshalb die chemischen Vorgänge wieder an Einfluss gewinnen. Häufig wird die Nachverbrennung deshalb auch als reaktionskinetisch kontrollierte Diffusionsverbrennung bezeichnet.

Die Nachverbrennung ist von kritischer Bedeutung für die Emissionsbildung des Motors, da bis zu 90 % des erzeugten Rußes nachoxidiert und damit abgebaut werden. Die vorliegenden Temperaturen dürfen dabei nicht zu weit sinken, da unterhalb von 1300 K die Rußoxidation sehr langsam wird. Durch Nacheinspritzungen kann sowohl das Turbulenz- als auch Temperaturniveau erhöht werden, was den Rußabbrand verstärkt [1, 30, 39, 41].

2.2.4 Weitere Brennverfahren

Die konventionelle dieselmotorische Verbrennung weist zwar einige Vorteile auf, führt jedoch auch zu Problemen bei der Schadstoffentstehung. Die heterogene Gemischbildung im Dieselmotor führt zu dem Zielkonflikt zwischen Partikel- und NO_x-Emissionen bzw. zwischen NO_x-Emissionen und Verbrauch [41]. Eine hohe Verbrennungstemperatur fördert die Rußoxidation und damit die Senkung der Partikelanzahl, der Zeldovich-Mechanismus fällt aber bei hohen Temperaturen stärker ins Gewicht und die NO_x-Emissionen steigen an. Eine Senkung der Verbrennungstemperatur kann den Zeldovich-Mechanismus unterbinden, der Wirkungsgrad und die Rußoxidation leiden jedoch unter kühleren Bedingungen im Brennraum.

Alternative Brennverfahren versuchen die Verbrennungstemperatur zu senken und die kritischen Bereiche $1,1 < \lambda < 1,3$ oder $0 < \lambda < 0,5$ zu vermeiden. Ziel ist es, den Motor wesentlich magerer, homogen und bei niedrigen Temperaturen zu betreiben. Die Zeit für die Homogenisierung wird meist durch eine Verlängerung der Zündverzugsphase erreicht.

Das HCLI-System (Homogeneous Charge Late Injection) arbeitet mit etwas früheren Einspritzzeitpunkten und längerem Zündverzug. Dadurch wird die Zeit zur Verringerung der fetten Bereiche verlängert und der Anteil der mageren Gemischbereiche vergrößert. Zur Vermeidung von Frühzündung benötigt das Verfahren sehr hohe AGR-Raten in der Größenordnung von $50 - 80\%$ und ist daher nur im Teillastbereich anwendbar.

Das HPLI-Verfahren (Highly Premixed Late Injection) arbeitet ebenfalls mit langen Zündverzügen, aber mit moderaten AGR-Raten. Der Zündverzug wird durch eine extrem späte, deutlich nach OT liegende Einspritzung erreicht. Der Verbrauch steigt dadurch und der fahrbare Kennbereich ist durch die Abgastemperatur begrenzt.

Das DCCS-Verfahren (Dilution Controlled Combustion System) spritzt konventionell ein, hat aber hohe AGR-Raten um die Temperatur im Brennraum zu senken.

Beim HCCI-System (Homogeneous Charge Compression Ignition) wird dem Gemisch eine sehr große Zeitspanne für die Homogenisierung zur Verfügung gestellt. Dazu wird der Kraftstoff im Ansaugtakt oder sogar im Saugrohr eingebracht. Auch eine sehr frühe Einspritzung im Verdichtungstakt ($90°$ - $140°$KW vor OT) ist möglich. Die Beherrschung des thermodynamisch richtigen Zeitpunktes sowie des Verbrennungsablaufes kommt entscheidende Bedeutung zu. Das Verfahren erfordert zur Vermeidung von Frühzündungen eine Absenkung des Verdichtungsverhältnisses auf $12 < \varepsilon < 14$ und die Verwendung hoher AGR-Raten (40 bis 80%). Die hohen Abgasrückführraten werden teilweise durch Einsatz eines Ventiltriebs mit variablen Ventilsteuerzeiten dargestellt. Der Grat zwischen klopfender Verbrennung, Frühzündung und Zündaussetzern ist dabei sehr schmal. Die Anwendung solcher Verfahren beschränkt sich meist auf wenige Nischenprodukte [41].

Eine Sonderform des HCCI-Verfahrens stellt das pHCCI-Verfahren (Partial Homogeneous Charge Compression Ignition) dar. Wird im HCCI-Verfahren der Kraftstoff im Ansaugtakt oder sogar im Saugrohr eingebracht, erfolgt beim pHCCI-Verfahren die Einspritzung zu einem frühen Zeitpunkt der Kompressi-

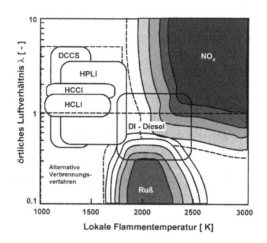

Abbildung 2.10: Alternative Dieselbrennverfahren im Vergleich [41]

onsphase [19]. Die Besonderheit des pHCCI-Verfahrens ist, dass die Verbrennung noch über den Einspritzzeitpunkt beeinflusst werden kann und diese davon nicht entkoppelt ist. Diese Eigenschaft ermöglicht die sog. Verbrennungsregelung.

Charakteristisch für die homogene Dieselverbrennung ist die hohe Homogenisierung des Kraftstoffs mit Luft und zurückgeführtem Abgas sowie niedrige Verbrennungstemperaturen. Dadurch wird die Bildung von Stickoxid- und Rußemissionen unterdrückt. Die frühe Kraftstoffeinbringung und das global magere Luftverhältnis können fette Zonen im Brennraum vermeiden. Hohe AGR-Raten senken die Temperaturen und unterbinden die Stickoxidbildung. Durch die frühe Einspritzung erfolgen die ersten Reaktionen des chemischen Zündverzugs bei geringen Temperaturen im Niedertemperaturbereich. Abhängig von der Zusammensetzung erfolgt die Zündung typischerweise zweistufig. Auch die Verbrennung erfolgt in zwei Stufen: Nieder- und Hochtemperaturverbrennung, die durch den NTC-Bereich getrennt sind [66]. Die Ausprägung des NTC-Bereichs hängt von der Kraftstoffzusammensetzung ab. Bei (teil-)homogenen Brennverfahren wird der Zeitintervall zwischen Ansteuerung und Brennbeginn als Zündverzugszeit definiert [53]. Die homogene Dieselverbrennung unterteilt sich in zwei Bereiche (siehe Abb. 2.11):

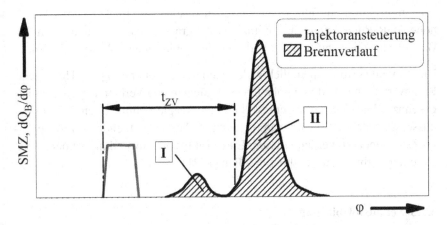

Abbildung 2.11: Injektoransteuerung und Brennverlauf bei der teilhomogenen Dieselverbrennung [1]

^{I} Niedertemperaturbereich
^{II} Hochtemperaturbereich

Niedertemperaturbereich (I)

Unterhalb 800 K treten erste Niedertemperaturoxidationen auf. Bis zu 15 % der Brennstoffenergie können dabei über die kalte Flamme freigesetzt werden [51]. Sie trägt aber nur unwesentlich zur Druck- und Temperatursteigerung im Brennraum bei. Die Radikalbildung hat wiederum starken Einfluss auf die Hauptverbrennung. Im Anschluss an die kalte Flamme schließt sich der NTC-Bereich mit einem Einbruch der Brennrate und einem negativen Temperaturkoeffizienten an.

Hochtemperaturbereich (II)

Durch die Kompression steigen Druck und Temperatur an, bis der zweite Zündmechanismus eingeleitet wird. Ab ca. 1100 K gibt es zwei Wärmefreisetzungen: die sehr schnelle Umsetzung von Zwischenprodukten und Radikalen in der sog. „blauen Flamme", die durch einen steilen Anstieg im Brennverlauf gekennzeichnet ist. Im Anschluss erfolgt die Hauptverbrennung (sog. „heiße Flamme"), in welcher der Großteil der Energie freigesetzt wird. Der detonationsartige Anstieg im Brennverlauf führt zu einem steilen Anstieg des Druckverlaufes. Durch hohe AGR-Raten kann der maximale Druckgradient reduziert und somit der Bauteilschutz gewährt und das Verbrennungsgeräusch gesenkt werden [29].

Die Zündung erfolgt an endlich vielen Stellen im Brennraum [51]. Homogene Brennverfahren sind durch hohe Druckgradienten und Verbrennungsgeräusche gekennzeichnet. Die homogene Verbrennung reagiert empfindlich auf Störeinflüsse, weshalb die Einspritzparameter laufend an die aktuellen Verbrennungsgrößen angepasst werden müssen. Eine praktische Anwendung ist daher nur mit einer Verbrennungsregelung möglich [8, 21].

2.2.5 Schadstoffbildung

Bei einer vollständigen Verbrennung bei der alle Edukte komplett umgewandelt werden, reagieren die Kohlenwasserstoffverbindungen C_nH_m mit Sauerstoff O_2 und werden in Kohlenstoffdioxid CO_2 und Wasserdampf H_2O umgesetzt. Handelt es sich bei den Kohlenwasserstoffen um Alkane, können die Kohlenwasserstoffverbindungen vereinfacht als C_nH_{2n+2} angegeben werden, woraus folgt [5]:

$$C_nH_{2n+2} + \frac{3n+1}{2} \cdot O_2 \longrightarrow n \cdot CO_2 + (n+1) \cdot H_2O + \text{Wärme} \qquad \text{Gl. 2.19}$$

Liegt genau die richtige Menge an Sauerstoff in der Frischluft vor, um die Kohlenwasserstoffe zu oxidieren, wird von einem stöchiometrischen Gemisch gesprochen. Dieses Verhältnis von Frischluft und Kraftstoff wird als Verbrennungsluftverhältnis (λ) definiert. Bei den eben erläuterten Umständen gilt:

$$\lambda = \frac{m_L}{L_{st} \cdot m_{Krst}} = 1 \qquad \text{Gl. 2.20}$$

Die Luftmasse wird dabei mit dem stöchiometrischen Luftverhältnis L_{st} multipliziert, welche als dimensionsloser Faktor dient. Selbst bei stöchiometrischer Zusammensetzung des Kraftstoff-Luft-Gemisches tritt Schadstoffbildung auf, da in der Flamme selbst verschiedenste Bereiche mit unterschiedlichen Lambdas

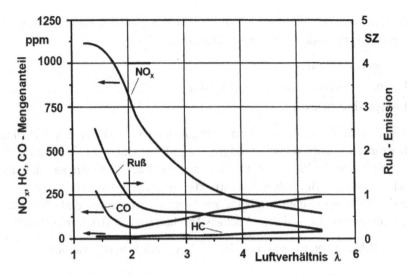

Abbildung 2.12: Schadstoffentstehung in Abhängigkeit von Lambda [15]

existieren. Dadurch entstehen ebenso verschiedene lokale Temperaturbereiche, was zur Entstehung der unterschiedlichen Schadstoffe führt. In Abbildung 2.12 ist die globale Schadstoffentstehung des Dieselmotors über Lambda dargestellt, wobei sofort die direkte Abhängigkeit der Schadstoffbildung von Lambda ersichtlich wird [5, 15].

Die Schadstoffentstehung beim Dieselmotor ist zwar relativ gering, trotzdem müssen aufgrund ihrer Wirkung auf biologische Lebewesen Grenzwerte eingehalten werden. Die wichtigsten limitierten Schadstoffe sind die Stickoxide (NO_x), Ruß, Kohlenstoffmonoxid (CO) und die Kohlenwasserstoffe (HC).

Stickoxide

Stickoxide sind streng limitierte Atombindungen aus Stickstoff (N) und Sauerstoff (O). Einerseits haben sie negative Einflüsse auf die Gesundheit, andererseits wird durch sie die Bildung von Ozon und fotochemischem Smog verstärkt [15]. Durch eine motorische Verbrennung entstehen hauptsächlich Stickstoffmonoxid (NO) und Stickstoffdioxid (NO_2). Das dabei entstehende Stickstoffmonoxid wird nach längerem Verweilen in der Atmosphäre meist zu

NO_2 umgewandelt. Für die Entstehung von NO gibt es dieselmotorisch vor allem drei verschiedene Bildungsmechanismen [39].

- Zeldovich-Mechanismus (Thermisches NO)
- Fenimore-Mechanismus (Promptes NO)
- Lachgas-Mechanismus

Wie oben erläutert ist die Bildung der Schadstoffe von den unterschiedlichen innermotorischen Bedingungen abhängig. Dies gilt auch für die Bildung von Stickstoffoxid, wobei der Zeldovich-Mechanismus meist der dominierende Bildungsmechanismus ist. Bei hohen Abgasrückführungsraten und daraus folgenden niedrigeren Temperaturen, tritt bei fettem Gemisch der Fenimore-Mechanismus und bei magerem Gemisch der Lachgas-Mechanismus in den Vordergrund.

Für die Bildung von thermischem NO gibt es drei Elementarreaktionen:

$$N_2 + O \rightleftarrows NO + N \qquad \text{Gl. 2.21}$$

$$N + O_2 \rightleftarrows NO + O \qquad \text{Gl. 2.22}$$

$$N + OH \rightleftarrows NO + H \qquad \text{Gl. 2.23}$$

Das Auflösen der Dreifachbindung von N_2 in Gl. 2.21 benötigt eine so hohe Aktivierungsenergie, dass sich eine merkliche Reaktionsrate erst oberhalb von 1700 K einstellt. Die Aufspaltung von N_2 in Gl. 2.21 ist dabei zeitlich um mehrere Zehnerpotenzen kleiner, als die benötigte Zeit für die Reaktionen Gl. 2.22 und Gl. 2.23. Einerseits wird durch diesen Zusammenhang von einer kinetisch kontrollierten NO-Bildung gesprochen, da die chemischen Vorgänge im Vergleich zum Strömungsfeld langsam sind und ein chemisches Gleichgewicht aufgrund der schnell abfallenden Temperaturen nicht erreicht werden kann. Man spricht dabei vom „Einfrieren" der chemischen Reaktion. Andererseits wird ersichtlich, dass die Bildung von thermischem NO im heißen Abgas hinter der Flammenfront stattfindet. Schließlich benötigt die Einleitungsreaktion Gl. 2.21 bei 2000 K mehrere 100 ms, die Reaktionen in der Flammenfront selbst ohne Turbulenz jedoch nur einige 100 µs, weshalb die Flamme sich sehr viel schneller durch den Brennraum bewegt, als eine Bildung von NO stattfinden kann. Die Temperaturen bei $\lambda = 0,9$ sind zwar am höchsten, jedoch sind die

NO-Konzentrationen aufgrund fehlenden Sauerstoffes relativ gering. Die maximale Stickstoffkonzentration existiert bei $\lambda = 1,1$ und Temperaturen oberhalb von 2200 K. Zwar sinkt durch die zusätzliche Luft die Brennraumtemperatur ab, jedoch wird dies durch die erhöhte Sauerstoffkonzentration mehr als ausgeglichen. Das thermische NO ist für 90 % - 95 % der innermotorisch entstehenden Stickoxide verantwortlich [5, 15, 39].

Durch den Fenimore-Mechanismus entsteht NO aber auch schon bei niedrigeren Temperaturen ab etwa 1000 K, unter Anwesenheit von Kohlenwasserstoffradikalen. Da ausreichend CH-Radikale benötigt werden, findet die Schadstoffbildung nach dem Fenimore-Mechanismus direkt in der Flammenfront statt. Als promptes NO wird der Mechanismus deshalb bezeichnet, weil sowohl die Einleitungsreaktionen, als auch die Folgereaktionen im Millisekunden-Bereich stattfinden [15]. Die Bildung des NO startet dabei mit der Entstehung von Blausäure (HCN) durch zwei chemische Reaktionen [51].

$$CH + N_2 \rightleftarrows HCN + N \qquad \text{Gl. 2.24}$$

$$CH_2 + N_2 \rightleftarrows HCN + NH \qquad \text{Gl. 2.25}$$

Nachfolgend reagiert die entstandene Blausäure über verschiedene Reaktionspfade weiter bis zur Entstehung von Stickstoffmonoxid [1].

$$HCN + H \rightleftarrows H2 + CN \qquad \text{Gl. 2.26}$$

$$CN + CO_2 \rightleftarrows NCO + CO \qquad \text{Gl. 2.27}$$

$$NCO + O \rightleftarrows CO + NO \qquad \text{Gl. 2.28}$$

Durch den Fenimore-Mechanismus entstehen nur 5 % - 10 % der gesamten Stickstoffoxidemissionen. Die genau ablaufenden Reaktionen sind bis heute nicht geklärt und es besteht weiter Forschungsbedarf, da unterschiedliche Reaktionspfade vorgeschlagen werden [39].

Der hier zuletzt erklärte Mechanismus ist der sogenannte Lachgas-Mechanismus (N_2O-Mechanismus), der für magere Brennstoff-Luft-Gemische von Bedeutung ist, da einerseits die Bildung von CH-Radikalen gehemmt wird, was der Bildung von promptem NO entgegenwirkt. Andererseits liegen niedrige Temperaturen vor, was die Bildung von thermischem NO verhindert. Die Reaktion beginnt dabei ebenfalls wie beim thermischen NO mit dem Zerfall von N_2, jedoch wird durch einen unverändert hervorgehenden Reaktionspartner M die benötigte Aktivierungsenergie herabgesetzt.

$$N_2 + O + M \rightarrow N_2O + M \qquad \text{Gl. 2.29}$$

Das NO entsteht darauffolgend durch Oxidation von N_2O.

$$N_2O + O \rightarrow NO + NO \qquad \text{Gl. 2.30}$$

Durch den Reaktionsweg über einen nicht reagierenden Partner M läuft die Reaktion vorwiegend bei hohen Drücken ab. Dem Mechanismus kommt sowohl bei der ottomotorischen Magerverbrennung als auch bei der mageren HCCI-Verbrennung große Bedeutung zu.

Kohlenwasserstoffe

Laut Gesetzgebung zählen zu den Kohlenwasserstoffemissionen alle nicht oder nur teiloxidierten Kohlenwasserstoffe sowie Verbindungen aus Crackreaktionen. Die Emissionen bestehen hauptsächlich aus Aromaten, Alkenen, Alkanen und Aldehyden. Emittierte Kohlenwasserstoffe sind dabei immer auf eine unvollständige Verbrennung zurückzuführen. Dies kann durch unterschiedliche Effekte auftreten. Die Ablagerung des Kraftstoffes an der kalten Brennraumwand, dem Sackloch, der Einspritzdüse oder dem Feuersteg, wodurch es zu keiner Verbrennung des Kraftstoffes kommt, spielt dabei eine bedeutende Rolle. Weiterhin kann es durch zu hohen Luftüberschuss und der damit einhergehenden verlangsamten Flammengeschwindigkeit zur Löschung der Flammenfront durch Turbulenzeffekte kommen [15]. Der Effekt der Flammenlöschung tritt auch in

Wandnähe auf, wobei die Wärmeableitung an die Wand ein Temperaturgefälle bewirkt, das die Brenngeschwindigkeit so stark absinken lässt, dass die Flamme die Wand nie erreichen kann. Dies wird als sogenannter Quenchabstand, welcher ungefähr die Dicke der Flammenfront selbst hat, bezeichnet. Aufgrund unzureichender Gemischbildung im Kraftstoffstrahl durch nicht ausreichende Diffusion von Sauerstoffmolekülen in brennstoffreiche Zonen folgt zusätzlich ein Reaktionsabbruch aufgrund fehlender Reaktionspartner. Die Kohlenwasserstoffe können dabei gar nicht oder nur teilweise oxidiert werden [1, 15]. Durch eine Nachoxidation im Abgas sind die Kohlenwasserstoffemissionen bei leichtem Luftüberschuss und damit ausreichend hohen Temperaturen und genügend Sauerstoff im Abgas am geringsten. Bei zu großem Luftüberschuss dominiert der Effekt der Flammenverlöschung, wodurch die Emissionen wieder ansteigen [5].

Kohlenstoffmonoxid

Kohlenstoffmonoxid ist ein Zwischenprodukt der vollständigen Verbrennung der Kohlenwasserstoffe, welche in Gl. 2.19 dargestellt ist. Bei unterstöchiometrischen Bedingungen bleibt CO grundsätzlich als Ergebnis einer unvollständigen Verbrennung erhalten. Bei stöchiometrischen und überstöchiometrischen Umgebungsbedingungen kann Kohlenstoffmonoxid rein theoretisch vollständig oxidiert werden, in Realität entsteht der Schadstoff dennoch.

Kohlenstoffmonoxid entsteht dann, wenn der letzte Reaktionsschritt von OH mit HC nicht abläuft.

$$CO + OH \rightarrow CO_2 + H \qquad \text{Gl. 2.31}$$

Die Gl. 2.31 gibt den dominierenden Reaktionsweg an, zwar existieren noch weitere Reaktionspfade, diese haben aber einen geringeren Einfluss. Die Oxidation von Kohlenstoffmonoxid ist also von freien OH-Radikalen abhängig, weshalb die Reaktion bei unterstöchiometrischem Betrieb in direkter Konkurrenz zur H_2-Oxidation abläuft [39].

Da die Oxidation von CO kinetisch kontrolliert ist, läuft sie bei $\lambda < 1$ langsamer ab, wodurch das vorliegende CO nicht vollständig oxidiert werden kann und ein erhöhter Ausstoß von CO resultiert [1].

$$H_2 + OH \rightarrow H_2O + H \qquad \text{Gl. 2.32}$$

Bei heißer überstöchiometrischer Verbrennung finden die Reaktionen nicht mehr in direkter Konkurrenz zueinander statt. Aufgrund von Dissoziation von Kohlenstoffdioxid kommt es dennoch zur Bildung von Kohlenstoffmonoxid [15].

$$O_2 + 2 \cdot CO \rightleftarrows 2 \cdot CO_2 \qquad \text{Gl. 2.33}$$

Wird das Luftverhältnis weiter erhöht, sinken die Temperaturen wieder ab, wodurch Gl. 2.31 und Gl. 2.32 wieder konkurrieren. Bei vorgemischten Dieselbrennverfahren wird der Kraftstoff sehr viel früher in den Zylinder eingebracht, wodurch die Drücke und Temperaturen geringer sind als im Normalzustand. Dadurch kommt es einerseits zu erhöhter Benetzung der Brennraumwände und des Kolbens, andererseits laufen die chemischen Vorreaktionen langsamer ab. Die geringeren Temperaturen bewirken ebenfalls ein Absinken der Reaktionsgeschwindigkeit während der Verbrennung, was die CO- und HC-Emissionen weiter ansteigen lässt [1].

Partikel

Der Partikelgehalt im Abgas wird durch die EN ISO 8178 als Menge aller Stoffe definiert, die von einem bestimmten Filter aufgenommen werden, nachdem das Abgas verdünnt und auf eine Temperatur unterhalb von 52 °C abgekühlt wird. Zur Bewertung der Toxizität von Partikeln, wird Partikeldurchmesser herangezogen. Für die Emissionsmessung hingegen ist die Partikelmasse entscheidend [5, 39]. Der Großteil der Partikel besteht aus Ruß, welcher wiederum aus elementarem Kohlenstoff besteht. Neben Ruß existieren noch weitere organische Verbindungen aus unverbrannten Kohlenwasserstoffen, welche direkt

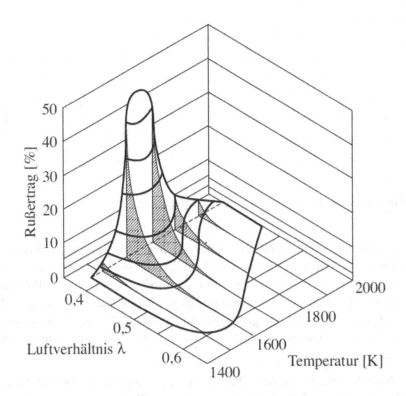

Abbildung 2.13: Rußentstehung in Abhängigkeit von Lambda und Temperatur [38]

aus dem Öl oder dem Kraftstoff selbst stammen können, da bei der oben genannten Abkühlung der Taupunkt vieler Kohlenwasserstoffe unterschritten wird. Da der Ruß den größten massebezogenen Anteil der Partikel darstellt, wird im Folgenden vor allem auf die Rußentstehung eingegangen. Die Rußentstehung findet bevorzugt bei Temperaturen im Bereich 1500 K - 1600 K und bei Kraftstoffüberschuss statt.

Die Bildung erfolgt dabei nach zwei verschiedenen Entstehungsmechanismen [41].

- Elementarkohlenstoff-Hypothese
- Polyzyklen-Hypothese

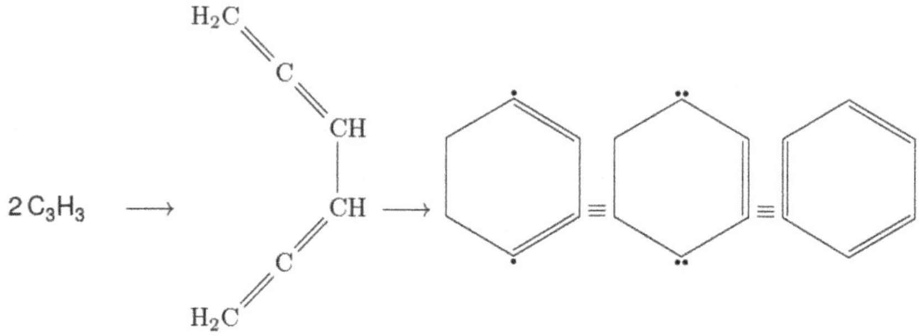

Abbildung 2.14: Benzolbildung durch Umlagerung [15]

Bei der Elementarkohlenstoff-Hypothese geht man von einer Dissoziation des Kraftstoffes bei hoher Temperatur aus. Der Kraftstoff zerfällt dabei in seine atomaren Elemente, wobei der entstehende Wasserstoff schnell in sauerstoffhaltige Umgebungen diffundiert. Die Kohlenstoffatome bilden dann unter Sauerstoffmangel pentagonale und hexagonale Strukturen, wodurch gekrümmte Schalen entstehen, die sich schnell zu Partikeln von typischer Größe um 10 nm weiterentwickeln.

Bei der Polyzyklen-Hypothese übernimmt Ethin (ebenfalls Acetylen genannt, C_2H_2) eine zentrale Rolle. Ethin entsteht durch die Zersetzung des Kraftstoffes unter O_2 Ausschluss [41]. Durch eine darauffolgende Reaktion mit CH entsteht C_3H_3, welches durch Umlagerung den ersten Benzolring bilden kann.

Durch weiter wiederholte Anlagerung von Ethin mittels H-Abstraction können sich aus dem Benzolring die ersten polyzyklischen aromatischen Kohlenwasserstoffe bilden. Durch Koagulation mehrerer dieser Moleküle entstehen sogenannte Primärpartikel mit einer Größe zwischen 2 nm und 10 nm. Heften sich nun mehrere dieser Primärpartikel zusammen, entstehen die bekannten Rußpartikel. Der Großteil der entstandenen Rußpartikel wird während der Verbrennung wieder oxidiert, sobald genügend Sauerstoff zur Verfügung steht.

Da zum Rußabbrand Temperaturen über 500 °C benötigt werden und der Temperaturabfall während der Expansion erheblich ist, kann der Ruß nicht vollständig oxidiert werden. Die übrigen Rußpartikel werden dann während des Ladungs-

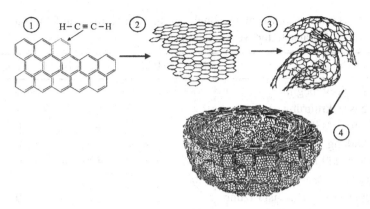

Abbildung 2.15: Rußildung durch Polyzyklen-Hypothese [1]

[1]Ethinanlagerung; [2]polyziklischer aromatischer Kohlenwasserstoff; [3]Koagulation (Aneinanderlagerung); [4]Agglomeration (Verbindung mehrerer Primärpartikel)

wechsels ausgestoßen. In Abbildung 2.15 sind die Zusammenhänge noch einmal übersichtlich dargestellt.

2.2.6 Innermotorische Maßnahmen zur Schadstoffreduktion

Die Optimierung des Dieselmotors bewegt sich meist in einem klassischen Ziel-konflikt zwischen Verbrauchs- und Emissionsreduzierung. Meistens verhalten sich bei Veränderung einzelner Motorparameter die beiden Optimierungsgrund-lagen antiproportional. Weiterhin werden nicht alle Schadstoffe gleichermaßen durch veränderte Rahmenbedingungen beeinflusst. Zusätzlich soll ebenfalls ein gewisser Komfort erreicht werden, der durch ein zu lautes Motorgeräusch gestört werden kann. Um alle Anforderungen in weiten Kennfeldbereichen erreichen zu können, sind deshalb Kompromisse von Nöten. Grenzen sind der Parametrisierung durch die gesetzlichen Vorgaben der Schadstoffemissionen gesetzt. Um alle Anforderungen erfüllen zu können, werden verschiedenste Maßnahmen eingesetzt, die jeweils unterschiedliche Auswirkungen auf die oben genannten Parameter haben. Die Zusammenhänge sind in Tabelle 2.1 dargestellt, wobei im Folgenden nicht näher auf die einzelnen Möglichkeiten eingegangen wird, da es den Rahmen der vorliegenden Arbeit sprengen würde.

Tabelle 2.1: Innermotorische Maßnahmen und ihr Einfluss auf Emissionen Geräusch und Verbrauch [41]

Maßnahme	NO_x	HC/CO	Ruß	be	Geräusch
später Spritzbeginn	+	-	-	-	+
Abgasrückführung	+	-	-	-	+
gekühlte AGR	+	-	+	+	0
Aufladung	-	+	+	+	0
Ladeluftkühlung	+	-	+	+	0
Piloteinspritzung	0	+	-	0	+
angelagerte Nacheinspritzung	+	0	+	-	0
Einspritzdruckerhöhung	0	+	+	+	0
reduziertes ε	+	-	+	0	-

2.2.7 Abgasnachbehandlung

Im vorliegenden Abschnitt werden die einzelnen Komponenten der Abgasnachbehandlung genauer betrachtet. Da der elektrisch beheizte Diesel-Oxidations-Katalysator in der vorliegenden Arbeit eine besondere Rolle spielt, nimmt er einen Schwerpunkt in der Vorstellung ein.

Dieselpartikelfilter (DPF)

Die noch im Abgas befindliche Partikel, die nicht durch innermotorische Maßnahmen aboxidiert werden konnten, müssen durch den Dieselpartikelfilter ausfiltriert werden. Da die Partikelgröße meist unter 100 nm liegt, bieten sich vor allem Filtrationsmethoden an, da diese einen großen Abscheidungswirkungsgrad aufweisen. Durch die Ablagerung der Partikel im Filter erhöht sich jedoch der Strömungswiderstand und ein höherer Kraftstoffverbrauch ist die Folge. Daher ist es notwendig, Partikelfilter bei Bedarf zu regenerieren, das heißt, die Ablagerungen im Filter zu oxidieren [41].

In Filtern finden drei unterschiedliche Abscheidungsmechanismen statt. Größere Partikel werden infolge ihrer größeren Massenkräfte abgeschieden (sog. Impaktion), kleinere Partikel werden durch die wandnahen Strömungen abgefangen. Bei Nanopartikel hingegen sind Sperr- und Siebeffekte wirkungslos und sie können nur durch Diffusion gefiltert werden [6]. Je länger die Verweilzeit der Partikel im Filter ist, desto mehr Partikel können aus dem Abgas herausgefiltert werden. Zur Beschreibung der Verweilzeit wird die Raumgeschwindigkeit definiert [6]:

$$S = \frac{\dot{V}_{Gas}}{V_{Filter}}$$ Gl. 2.34

$\dot{V}_{Gas}$ ist der Gasdurchsatz in m^3/s und V_{Filter} das Filtervolumen in m^3. Gute Filter haben Werte im Bereich 30 $\frac{1}{s}$.

Da kleinste Partikel aufgrund ihres hohen Verhältnisses von Schlepp- zu Massenkraft jeder Stromlinie folgen und dadurch weder durch Impaktion noch Abfangen gefiltert werden können, sind Diffusionsmethoden notwendig. Da Diffusion Zeit benötigt sind hohe Filtertiefen und geringe Durchströmungsgeschwindigkeiten im Partikelfilter von Nöten. Filterstrukturen müssen daher labyrinthartig und oberflächenreich gestaltet werden, um eine ausreichend hohe Abscheidung zu gewährleisten [6]. Bei keramischen Extrudaten ist hierfür jeder Kanal abwechselnd an Vorder- und Rückseite verschlossen. Das führt zu einer porösen und sehr großen Filteroberfläche an den Extrudatwänden. Die Partikel lagern sich dadurch durch Diffusion an die inneren Flächen in den Poren ab und es bildet sich eine Oberflächenfiltratschicht aus. Die Porengröße dieser Schicht ist deutlich geringer als in der Trägerstruktur und größere Partikel werden somit durch Impaktion und Abfangen gefiltert. Je länger die Beladungszeit ist, desto größer wird die Schichtdicke und auch der Strömungswiderstand vergrößert sich [41]. In wenigen Stunden Betriebszeit wird die Beladung des Filters derart hoch, dass durch Regeneration der brennbare Rückstand oxidiert werden muss. Idealerweise sollte die Regeneration so ablaufen, dass lediglich CO_2 und H_2O entsteht. Die notwendige Aktivierungsenergie kann dabei durch katalytische Maßnahmen abgesenkt werden. Für den Rußabbrand sollten Temperaturen von über 600 °C und ein Sauerstoffgehalt von über 7 % vorliegen. Im normalen Fahrbetrieb werden solche Bedingungen nicht über längere Zeiträume erreicht, daher sind aktive und/oder passive Maßnahmen erforderlich [6].

Unter aktiven Maßnahmen versteht man einen gesteuerten oder geregelten Eingriff, der entweder die Energiezufuhr, die Temperatur oder den Sauerstoffgehalt erhöht. Darunter fallen Diesel-Brenner, elektrische Beheizung oder motorische Maßnahmen, wie z.b. Nacheinspritzung oder Abgasrückführung. Bei passive Maßnahmen wird unter Einsatz von Katalyse die Aktivierungsenergie soweit herabgesenkt, dass die Regeneration bereits bei niedrigeren Betriebstemperaturen stattfinden können. Darunter fallen Regenerations-Additive oder katalytische Beschichtungen. Auch eine Kombination aus aktiven und passiven Maßnahmen wird häufig durchgeführt [6].

Diesel-Oxidations-Katalysator (DOC)

Die primäre Funktion des Diesel-Oxidations-Katalysators (DOC) ist es, die unverbrannten Kohlenwasserstoffe (HC) und Kohlenmonoxide (CO) mit dem noch im Abgas enthaltenen Sauerstoff zu oxidieren. Mithilfe von Edelmetall-Beschichtungen werden CO und HC in H_2O und CO_2 umgewandelt. Sekundäre Funktionen des DOCs ist die Oxidation der adsorbierten Kohlenwasserstoffe (Partikel), die Verbesserung des Verhältnisses aus NO und NO_2 für die Stickstoffreduzierung in nachgeschalteten SCR-Systemen, der Einsatz als „Kat-Brenner" für die Partikelfilterregeneration und die Reduktion von NO_x durch geeignete Beschichtung [41].

Anhand der exemplarisch gewählten Kohlenwasserstoffe C_3H_6 und C_3H_8 wird die Wirkungsweise des DOCs nachfolgend aufgezeigt. Zu sehen ist sowohl die Oxidation von CO und HC als auch die Umwandlung von NO in NO_2 [5].

$$CO + \frac{1}{2}O_2 \rightarrow CO_2 \qquad\qquad\qquad \text{Gl. 2.35}$$

$$C_3H_6 + \frac{9}{2}O_2 \rightarrow 3CO_2 + 3H_2O \qquad\qquad \text{Gl. 2.36}$$

$$C_3H_8 + 5O_2 \rightarrow 3CO_2 + 4H_2O \qquad\qquad \text{Gl. 2.37}$$

$$2NO + O_2 \leftrightarrows 2NO_2 \qquad\qquad\qquad \text{Gl. 2.38}$$

Der Katalysatorkörper besteht aus einer keramischen oder metallischen Wabenstruktur mit sehr dünnen (ca. 1 mm) Kanälen. Die Kanalwände werden mit einer

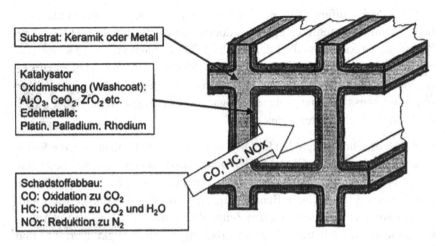

Abbildung 2.16: Schematische Darstellung eines Katalysatorträgers [5]

edelmetallhaltigen Katalysatorschicht (sog. „Washcoat") beaufschlagt. Diese wird als wässrige Suspension auf den Träger aufgebracht. Beim Durchströmen des Abgases diffundieren die Abgaskomponenten an die Katalysatorschicht und oxidieren dort. Es werden hauptsächlich Platin oder Palladium als Edelmetall, aufgrund ihrer Oxidationsfähigkeit, verwendet und in Form kleiner Partikel auf dem Washcoat aufgetragen. Dieser ist oxidisch (Aluminiumoxid, Ceroxid oder Zirkonoxid) und sorgt sowohl für die Stabilisierung der Edelmetallbeladung, als auch für die Unterstützung der Reaktionen [41]. Abb. 2.16 zeigt die schematische Darstellung eines Katalysatoraufbaus.

Die Verbesserung des Verhältnisses aus NO und NO_2 ist eine wichtige Funktion in modernen Abgasnachbehandlungssystemen, da NO_2 in vielen weiteren Abgasnachbehandlungskomponenten (NSC, SCR) von Bedeutung ist. Bei niedrigeren Temperaturen ($< 250\,°C$) liegt mehr NO_2 vor, bei höheren Temperaturen ($> 450\,°C$) mehr NO. Im motorischen Abgas liegt der Anteil von NO_2 an den gesamten NO_x-Emissionen meist weit unter dem notwendigen Gleichgewichtswert. Durch die katalytischen Reaktionen im DOC kann das Verhältnis aus NO und NO_2 in Richtung des Gleichgewichts erhöht werden.

Der DOC kann aufgrund zweier Alterungsmechanismen an Wirksamkeit verlieren. Zum einen führen Agglomerationen von Edelmetallpartikel bei hohen Temperaturen dazu, dass die Edelmetalloberfläche abnimmt. Zum anderen können sogenannte „Katalysatorgifte" (z.b. Schwefel) die Edelmetalloberfläche belegen oder Diffusionsvorgänge erschweren. Da einige Schädigungen irreversibel sind, muss auf eine geeignete Abgastemperatur geachtet werden, sodass die Prozesse nicht starten können.

Charakteristische Kenngrößen für DOCs sind, wie beim Partikelfilter, die Raumgeschwindigkeit (siehe Gl. 2.34), der Durchmesser und die Länge, die Dichte der Kanäle (Channels Per Square Inch - cpsi) und die Wandstärke zwischen den Kanälen. Eine wichtige Beurteilungsgröße ist die sogenannte „Light-Off-Temperatur". Diese beschreibt den Zeitpunkt, ab wann der Umsatz der Abgaskomponenten 50 % beträgt. Je nach Strömungsgeschwindigkeit, Abgas- und Katalysatorzusammensetzung beträgt diese 150 °C - 200 °C [41]. Die Zeit bis zum Aufheizen des Katalysators auf bzw. über die Light-off-Temperatur ist entscheidend für eine effektive Abgasreinigung, da vor allem beim Kaltstart des Motors etwa 70 % - 80 % der Emissionen während eines Testzyklusses entstehen [6]. Abb. 2.17 zeigt beispielhaft die Konvertierung von *CO* und *HC* über der Katalysatortemperatur.

Im Vergleich zu den Keramikträgern bieten Metallträger aufgrund der sehr dünn herstellbaren Metallfolien (0,03 mm - 0,05 mm) einen Mehrwert. Für das Aufheizverhalten ist das Verhältnis aus Trägeroberfläche und Trägerwärmekapazität entscheidend. Je höher die Zelldichte, desto schneller das Aufheizen auf die Betriebstemperatur. Zudem verbessert sich auch der Stoffübergang aus der Gasphase durch die erhöhte katalytische Effektivität in metallischen Trägern. Um den erhöhten Gegendruck durch eine hohe Zelldichte im Katalysator auszugleichen, werden perforierte Folien (sog. „PE-Design") eingesetzt, um einen Strömungsausgleich zu schaffen. Weiterer Vorteil des PE-Designs ist, neben dem geringeren Abgasgegendruck, auch eine gleichmäßigere Ausnutzung des Katalysatorvolumens [6]. Weiteres Einbringen von bspw. transversalen (Mikrowellungen quer zur Gasströmung) oder longitudinalen (Wellungen entgegen der Gasströmung) Kanalstrukturen steigert die katalytische Konvertierung noch weiter [6].

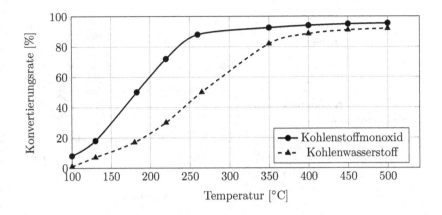

Abbildung 2.17: Konvertierung von Kohlenmonoxid und Kohlenwasserstoff über Katalysatortemperatur

Die metallische Trägerstruktur ermöglicht zudem das elektrische Beheizen des DOCs. Zielsetzung dabei ist es, die katalytische Aktivität auch unter ungünstigen Betriebsbedingungen (Kaltstart, niedrige Abgastemperatur) schnell zu erreichen. Der Aufbau des elektrisch beheizten Katalysators ist in Abb. 2.18 gezeigt. Der von Emitec eingesetzte elektrisch beheizte Katalysator besitzt für diesen Zweck eine zweite metallische Wabenstruktur welche direkt vor dem eigentlichen DOC platziert ist. Diese Wabenstruktur wird mit elektrischem Strom beaufschlagt und heizt sich dadurch auf. Durch die katalytische Beschichtung des Heizelements nimmt auch diese an der Konvertierung der Schadstoffe teil. Hinter dem Heizelement befindet sich dann der eigentliche metallische DOC (sog. „Stützkat"), der durch die Beheizung des einströmenden Abgases eine deutlich schnellere und verbesserte Konvertierung durchführen kann. Beide Elemente sind mechanisch miteinander verbunden. Die Heizscheibe arbeitet nach dem Prinzip einer Heizwendel, wobei die metallischen Folien der Wabenstruktur den elektrischen Widerstand bilden. Zwischen elektrischer Heizscheibe und dem Gehäuse befindet sich ein Luftspalt, der einen elektrischen Kurzschluss verhindert. Die mechanische Lagerung der Heizscheibe erfolgt über elektrisch isolierte Stifte [69].

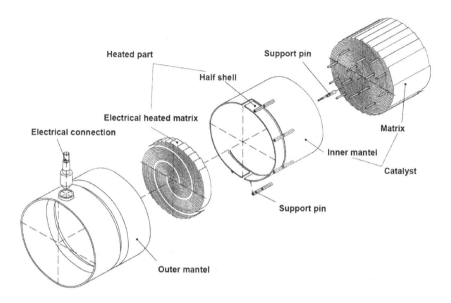

Abbildung 2.18: Aufbau des elektrisch beheizten Katalysators [69]

2.3 Hybridantriebe

2.3.1 Grundlagen

Das Konzept der Hybridfahrzeuge wurde bereits von Ferdinand Porsche in einer seiner ersten Konstruktionen, der „Semper Vivus", verfolgt. Sein Ziel war es, mit zwei einzylindrigen Verbrennungsmotoren die Batterie einer elektrisch angetriebenen Kutsche während der Fahrt zu laden. So konnte deren Reichweite von 50 km auf 200 km gesteigert werden. Durch die niedrigere Energiedichte in einer Batterie im Vergleich zu einem Kraftstofftank und der Massenfertigung der verbrennungsmotorischen Fahrzeuge von Ford verschwanden die teuren Elektrofahrzeuge und mit ihnen auch die Hybridfahrzeuge vom Markt. Heute wird auf das Konzept des Hybridfahrzeuges erneut zurückgegriffen, um diese mit neuen Ideen und Verbesserungen an den Alltag anzupassen. In Städten existiert die Möglichkeit mit elektrisch fahrenden Hybridfahrzeugen der Smog zu reduzieren, während die Vorteile der höheren Energiedichte und der bereits ausgebauten Infrastruktur des Verbrennungsmotors weiterhin genutzt werden können. Das Hybridfahrzeug ist also nicht nur eine Übergangslösung, sondern eine ganz eigene Sparte der Mobilität, die in eine vielfältige Zukunft führt.

Unter Hybridfahrzeugen versteht man heutzutage meist ein kombiniertes Antriebskonzept aus Elektro- und Verbrennungsmotor. Das Wort Hybrid, welches eigentlich vom lateinischen „hybrida" abstammt, bedeutet aber im Zusammenhang mit einem Fahrzeugantrieb nur, dass das Antriebskonzept zwei Energiewandler besitzt [5, 70]. Im Folgenden wird, zur Vereinfachung, bei der Verwendung des Wortes „Hybrid" immer von der Verbrenner-Elektro-Kombination ausgegangen.

2.3.2 Klassifizierung der Hybridantriebe

Es existieren verschiedenste Möglichkeiten Hybridfahrzeuge zu klassifizieren. Eine Möglichkeit besteht darin, den sogenannten „Elektrifizierungsgrad" (EG) zu bestimmen und damit die Fahrzeuge zu gruppieren [65].

$$EG = \frac{P_{\text{elektrisch}}}{P_{\text{Fahrzeug}}} = \frac{P_{\text{elektrisch}}}{P_{\text{elektrisch}} + P_{\text{verbrennungsmotorisch}}} \qquad \text{Gl. 2.39}$$

Mit steigendem Anteil an verfügbarer elektrischen Leistung wird dabei zwischen Mikro-, Mild-, und Voll-Hybrid unterschieden [5, 54]. Fahrzeuge die zusätzlich durch externe elektrische Energiezufuhr geladen werden können, werden als Plug-In-Hybrid bezeichnet. Existiert diese Möglichkeit der Energiezufuhr nicht, spricht man von einem autarken Hybrid [26].

Liegt der Elektrifizerierungsgrad bei 0%, besteht keine Möglichkeit elektrische Leistung abzurufen, es handelt sich um ein konventionelles verbrennungsmotorisch angetriebenes Fahrzeug. Bei 100% verhält es sich genau entgegengesetzt und man spricht von einem reinen Elektrofahrzeug [54]. Eine zusätzliche Möglichkeit zur Gruppierung ist durch die Nennleistung der E-Maschinen wie auch durch das elektrische Leistungsgewicht gegeben. In Tabelle 2.2 ist die Gruppierung durch die genannten Faktoren dargestellt.

Bei den Mikro-Hybriden geht man von einer fast ausschließlichen Nutzung als Start/Stopp-System aus, wobei der Startergenerator eine zusätzliche Rekuperation von Bremsenergie ermöglicht. Der Startergenerator kann dabei mit der normalen Bordsystemspannung, also mit 12 V, betrieben werden. Durch den relativ geringen ingenieurstechnischen Aufwand wird dabei durch Kosten im mittleren dreistelligen Bereich ein Kraftstoffersparnis um bis zu 6 % erreicht. Durch die vergrößerte E-Maschine und eine erhöhte Batteriekapazität kann bei einem Mild-Hybrid zusätzlich zu den Funktionen eines Mikro-Hybrids der Lastpunkt des Verbrennungsmotors verschoben und je nach Auslegung auch kurze Strecken rein elektrisch befahren werden. Durch die erhöhte maximale Leistung der E-Maschine wird zusätzlich das Rekuperationsvermögen des Hybrids verbessert. Um die erhöhte abrufbare Leistung verwirklichen zu können, wird aber meist eine etwas größere Bordnetzspannung benötigt (Bsp. 48 V), was zu steigenden Kosten im unteren vierstelligen Bereich führt. Die Möglichkeit zur Kraftstoffersparnis steigt dafür jedoch auf 10 % bis 20 % an. Beim Voll-Hybrid steigen Leistung der E-Maschine und Batteriekapazität weiter an. Dies verbessert die Fähigkeit aller bisher vorgestellten Möglichkeiten, wobei ebenfalls größere Strecken rein elektrisch befahren werden können. Eine Senkung des Kraftstoffverbrauchs um 30 % bis 40 % ist die Folge. Jedoch wird für große elektrische Maschinen ein Hochspannungsbordnetz und eine Hochspannungsbatterie benötigt, was zu einem starken Kostenanstieg in den mittleren bzw. oberen vierstelligen Bereich führt. Die größte Kraftstoffersparnis resultiert proportional in den größten Mehrkosten, was zu einer erhöhten Amortisationszeit führt [65].

Tabelle 2.2: Klassifizierungsansätze für Hybridsysteme [5, 42, 44, 65]

Kriterium	Mikro-Hybrid	Mild-Hybrid	Voll-Hybrid
Elektrifizierungs-grad	> 5 %	> 10 %	> 25 %
Elektrische Nennleistung	< 6 kW	6 kW - 20 kW	> 20 kW
Elektrisches Leistungs-gewicht	2,7 kW/t - 4 kW/t	6 kW/t - 14 kW/t	> 20 kW/t

2.3.3 Aufbau von Hybridantrieben

Eine weiter Möglichkeit Hybridfahrzeuge zu klassifizieren, ist durch die Hybridarchitekturen gegeben. Ein Hybridelektrofahrzeug (HEV) kann in serielle, parallele und leistungsverzweigte Varianten unterteilt werden [27]. Nachfolgend werden die einzelnen Architekturen und ihr Aufbau genauer erläutert.

Serielle Hybridarchitektur

Der serielle Hybrid besteht aus einem Verbrennungsmotor, der starr mit einem Generator gekoppelt ist und einer elektrischen Maschine zum Antrieb der Räder, siehe Abb. 2.19. Zwischen dem Verbrennungsmotor und der Antriebsachse besteht keine mechanische Verbindung. Über die Verbindung zum Generator dient der Verbrennungsmotor zur Erzeugung der elektrischen Energie, die einerseits direkt in die elektrische Maschine oder andererseits in die Batterie eingespeist werden kann. Für diese Kopplung sind ein Gleich- und ein Wechselrichter, sowie ein elektrischer Zwischenkreis notwendig. Die mechanische Entkopplung des Verbrennungsmotors vom Antrieb ermöglicht dessen Betrieb im stationär optimalen Drehzahl-/Drehmomentbereich, wobei die Antriebsenergie für das Fahrzeug rein von der elektrischen Maschine erfolgt. Die flexible Anordnung der Komponenten in einem seriellen Hybrid ermöglicht das Entfallen des Getriebes und der Anfahrkupplung. Es existieren Varianten mit einer elektrischen Antriebsmaschine, sowie Konzepte mit zwei elektrischen Antriebsmaschinen pro Achse unter Wegfall des Differenzials bis hin zu sogenannten „Radnabenmotoren", also einer elektrischen Maschine pro Rad. Der Nachteil serieller Hybride liegt in den häufigen Energiewandlungen und den damit verbundenen Verlusten [70]. Eine Sonderform ist der sog. „Range-Extender" [20]. Hier wird in einem Plug-In-System ein klein dimensionierter Verbrennungsmotor mit einem Generator gekoppelt, um die Reichweite eines stark elektrifizierten Fahrzeuges zu erhöhen [5, 27].

Parallele Hybridarchitektur

Bei der parallelen Architektur sind sowohl der Verbrennungsmotor, als auch die elektrische Maschine mechanisch mit den Antriebsrädern gekoppelt. Die Antriebsleistung bzw. das Antriebsmoment kann dabei sowohl einzeln als auch

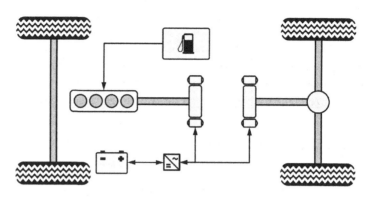

Abbildung 2.19: Serielle Hybridarchitektur [5]

kombiniert von beiden Antriebskomponenten erbracht werden. Durch eine Kupplung zwischen Verbrennungsmotor und elektrischer Maschine sind im HEV rein elektrische bzw. rein verbrennungsmotorische Fahrten möglich. Die kombinierte Fahrt kann mittels Drehzahladdition (Planetengetriebe), Momentenaddition (direkte Kopplung mit Stirnradgetriebe oder Kette) oder Zugkraftaddition (elektrische Maschine und Verbrennungsmotor wirken auf unterschiedliche Antriebsachsen) erfolgen [27]. Ein großer Vorteil des parallelen Hybrids ist das Abfangen von Drehmomentspitzen durch die elektrische Maschine im kombinierten Betrieb. Der Verbrennungsmotor kann dadurch in einem kleineren Drehmoment- und Drehzahlband arbeiten, was sowohl verbrauchstechnische als auch schadstofftechnische Vorteile hat [5].

Die parallele Hybridarchitektur ermöglicht eine Vielzahl an Möglichkeiten zur Umsetzung. Dabei spielt die Position der elektrischen Maschine im Antriebsstrang eine entscheidende Rolle, siehe Abb. 2.21. Beim sog. P0-Hybrid wird eine sehr klein ausgeführte elektrische Maschine (Startergenerator) am Riementrieb des Verbrennungsmotors eingesetzt. Im P1-Hybrid sitzt die elektrische Maschine am Abtrieb des Motors und ist mechanisch mit diesem gekoppelt (z.B. Riemenstartergenerator). Beim P2-Hybrid wird eine zusätzliche Kupplung zwischen elektrischer Maschine und Verbrennungsmotor eingebracht, wobei sich die elektrische Maschine am Getriebeeingang befindet. Dadurch wird das Abkuppeln des Verbrennungsmotors vom restlichen Anstriebsstrang ermöglicht, bspw. während rein elektrischer Fahrten oder in Rekuperationsvorgängen zur

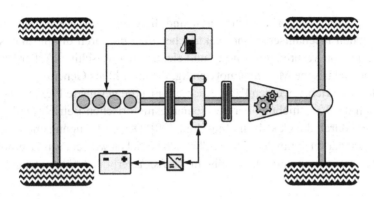

Abbildung 2.20: Parallele Hybridarchitektur (dargestellt ist ein P2-Hybrid) [5]

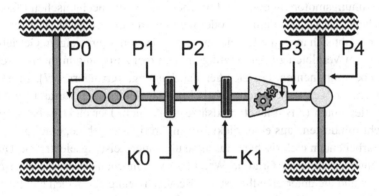

Abbildung 2.21: Einbaupositionen der elektrischen Maschine für verschiedene Ausführungen der parallelen Hybridarchitektur [5]

Reduzierung von Schleppverlusten. Im P3-Hybrid wird die elektrische Maschine am Getriebeausgang platziert, was die Möglichkeit schafft, unterschiedliche Übersetzungen zwischen den Antriebsaggregaten zu wählen [44]. Beim P4-Hybrid wirken die beiden Antriebe auf unterschiedliche Achsen, wobei die Straße als mechanische Kopplung benutzt wird [43]. Dadurch lässt sich ein Allrad-Antrieb umsetzen bei gleichzeitigem Verzicht auf die Kardanwelle [44].

Vorteil paralleler Hybridarchitekturen sind die geringeren Wandlungsverluste zwischen mechanischer und elektrischer Energie durch die mechanische Kopplung von Verbrennungsmotor und elektrischer Maschine. Außerdem ist nur eine elektrische Maschine notwendig, die sowohl als Generator, als auch als Motor betrieben werden kann. Nachteilig ist die geringere Flexibilität hinsichtlich der Verschiebung der verbrennungsmotorischen Betriebspunkte im Kennfeld durch die elektrische Maschine [70]. Der Verbrennungsmotor kann nicht stationär im optimalen Kennfeldbereich betrieben werden, was zu erhöhter Schadstoffemission und/oder erhöhtem Kraftstoffverbrauch führen kann [27].

Leistungsverzweigte Hybridarchitektur

Beim leistungsverzweigten Hybrid teilt sich die mechanische Leistung des Verbrennungsmotors in einen elektrischen und einen mechanischen Pfad auf. Üblicherweise werden dafür ein oder mehrere Planetengetriebe eingesetzt [5]. Daher ergibt sich auch die Bezeichnung des „leistungsverzweigten Getriebes", welche im Vergleich zu Automatikgetrieben den Aufwand an mechanischen Getriebekomponenten, bei gleicher Fahrleistung, verringern [27]. In einem leistungsverzweigten Getriebe wird ein sog. „elektrischer Variator" mit Getriebeelementen (z.B. Planetenradsätze) gekoppelt. Der elektrische Variator besteht mindestens aus einer elektrischen Antriebsmaschine, einer generatorisch arbeitenden elektrischen Maschine und einer Leistungselektronik. Durch den unterschiedlichen Grad an Wandlung von mechanischer in elektrischer Energie und die unterschiedlich starke Beaufschlagung der beiden elektrischen Maschinen wird die Einstellung unterschiedlicher Drehzahlen und Drehmomente ermöglicht [27]. Die Antriebsleistung des Verbrennungsmotors kann nur dann auf die Räder übertragen werden, wenn durch den Generator ein Gegenmoment aufgebracht wird. Dadurch fließt immer ein Teil der Antriebsleistung über den elektrischen Pfad und ein rein verbrennungsmotorischer Betrieb ist nicht möglich. Die elektrische Antriebsmaschine kann den Verbrennungsmotor unterstützen oder geht in Rekuperation beim Bremsen des Fahrzeuges. Auch eine rein elektrische Fahrt ist bei abgeschaltetem Verbrennungsmotor durch die elektrische Antriebsmaschine möglich [5].

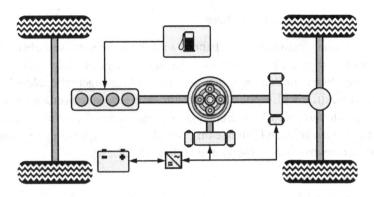

Abbildung 2.22: Leistungsverzweigte Hybridarchitektur [5]

Bekanntester Vertreter des leistungsverzweigten Hybrids ist der „Toyota Prius",
welcher sich durch das stufenlose Planetengetriebe den Betrieb des Verbrennungsmotors in Bereichen hoher Wirkungsgrade auszeichnet [14]. Vor allem
bei niedrigen Lasten kommt dieser Aspekt zum Tragen. In Bereichen höherer
Last hat der leistungsverzweigte Hybrid, aufgrund der dauerhaften Abzweigung
in den elektrischen Pfad, Nachteile gegenüber anderen Architekturen [70].

2.3.4 Betriebsmodi eines Hybridantriebs

Durch die Kombination der beiden Antriebseinheiten können unterschiedliche
Fahrzustände erzeugt, beziehungsweise umgesetzt werden. Die serielle Hybridarchitektur ist hier ausgenommen, da der Energietransport dort rein elektrischer
Natur ist. In Abhängigkeit der eingesetzten oder erzeugten elektrischen Leistung
kann das Hybridfahrzeug rein verbrennungsmotorisch, im Start-Stopp-Betrieb,
mit Rekuperation, Lastpunktverschiebung oder Boosten und als rein elektrisches Fahrzeug betrieben werden. Die Entscheidung, mit welcher Strategie das
Fahrzeug betrieben wird, erfolgt durch eine Betriebsstrategie, die meist neben
der Lastanforderung noch andere Größen, wie zum Beispiel den Ladezustand
der Batterie (SOC-State of Charge), berücksichtigt [27, 45].

Verbrennungsmotorisches Fahren

Beim verbrennungsmotorischen Fahren wird die komplette Antriebsleistung
allein vom Verbrennungsmotor erzeugt. Beim Leistungsverzweigten Hybrid ist
diese Betriebsart nur dann möglich, wenn das Planetengetriebe, ohne Erzeugung von elektrischer Energie am Generator, starr geschaltet werden kann. Ein
Vortrieb rein durch den Verbrennungsmotor macht nur dann Sinn, wenn der
Motor durch die äußeren Einflüsse im optimalen Betriebspunkt agiert, oder ein
Defekt der elektrischen Antriebskette vorliegt [5, 27, 54].

Start-Stop-Betrieb

Im Start-Stop-Betrieb wird der Verbrennungsmotor in kurzen Standphasen
abgeschaltet und bei Bedarf schnell wieder gestartet. Damit die Wiederinbe-
triebnahme möglichst schnell durchführbar ist, wird durch einen Sensor die
Kurbelwellenstellung bei Motorstop bestimmt. Um zu starken mechanischen
Verschleiß zu verhindern wird der Start-Stop-Betrieb meistens nur bei warmem
Motor eingeschaltet, weshalb zusätzlich die Motoröltermperatur bestimmt wird
[5, 27, 54].

Lastpunktverschiebung

Liegt die Lastpunktanforderung in einem, für den Verbrennungsmotor ungüns-
tigem Bereich, kann durch den generatorischen Betrieb der E-Maschine die
Last so weit erhöht werden, dass der Verbrennungsmotor im Wirkungsgra-
doptimum betrieben wird. Man spricht dann von einer Lastpunktanhebung.
Ebenfalls kann die Last am Verbrennungsmotor verkleinert werden, was aber
in den wenigsten Fällen zu einem verbesserten Verbrauch führt, weshalb eine
Lastpunktabsenkung eher selten zum Einsatz kommt [27, 54]. In Abbildung
2.23 ist eine beispielhafte Lastpunktanhebung im Muscheldiagramm eines
1500 *ccm* Dreizylinder-Dieselmotors dargestellt. Das Drehmoment der elektrischen Maschine berechnet sich aus der Differenz von angefordertem Moment
zu verbrennungsmotorisch erzeugtem Moment.

$$M_{ema} = M_{vmot} - M_{soll} \qquad\qquad \text{Gl. 2.40}$$

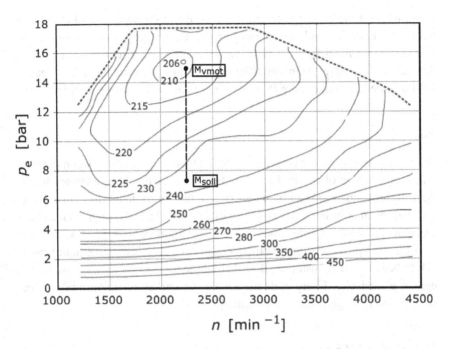

Abbildung 2.23: Beispielhafte Lastpunktverschiebung nach [16]

Aus der erhöhten Last am Verbrennungsmotor erfolgt dabei ein erhöhter Verbrauch, welcher aber durch spätere, zusätzlich verfügbare elektrische Leistung, optimal genutzt wird. Da die Batterie eine endliche Kapazität besitzt, kann die Lastpunktanhebung nicht immer eingesetzt werden, weshalb auch hier eine Betriebsstrategie benötigt wird, welche entscheidet, wann und wie stark die Lastpunkverschiebung stattfindet [5].

Rekuperation

Die Rekuperation stellt eine der wichtigsten Vorteile eines Hybridfahrzeugs gegenüber eines konventionellen Fahrzeugs dar. Das Wort Rekuperation stammt vom lateinischen „recuperatio" ab, was so viel bedeutet wie Wiedererlangung oder Wiedererwerbung. Da das Hybridfahrzeug bei Bremsvorgängen kinetische in elektrische Energie umwandelt, was zu großer potentieller Kraftstoffersparnis führt, ist die Bezeichnung extrem treffend. Bei konventionellen Fahrzeugen wird diese Energie durch die Reibung an den Fahrzeugbremsen dissipiert. Die Rekuperation kann dabei aber nicht die vollständige kinetische Energie umwandeln, da bei zu starker Bremsanforderung, welche die Drehmomentgrenzen der E-Maschine übersteigen, die Betriebsbremse zusätzlich eingesetzt wird [27].

Boosten

Das Boosten bezeichnet den Einsatz der elektrischen Maschine, wenn die Leistungsanforderung oberhalb der möglichen Grenzen des Verbrennungsmotors liegt. Beide Antriebsmaschinen generieren dann zusammen den Vortrieb der vom Fahrer angefordert wird. Bei Downsizing-Hybrid-Konzepten kann so kurzzeitig die Ausgangsleistung erhöht werden. Im Sportwagensegment kann durch Boosten die Spitzenleistung in einem engen zeitlichen Rahmen erhöht werden [5]. In beiden Fällen kostet der Boostbetrieb, je nach Anforderung, große Mengen an elektrischer Energie, da die Last nicht wirkungsgradoptimal von der Betriebsstrategie geregelt werden kann [27, 54].

Elektrisches Fahren

Beim elektrischen Fahren wird am meisten der gespeicherten elektrischen Energie umgesetzt. Je nach Anforderung und maximaler Leistung der E-Maschine ist ein rein elektrischer Betrieb des Hybridfahrzeugs möglich. Serielle Hybride oder Plug-In-Hybride mit großer Batteriekapazität können zumeist größere Strecken rein elektrisch zurücklegen. Bei Parallel-Hybriden kann bei der Konfiguration von P2 bis P4 die Kupplung K0 geöffnet werden, um den Verbrennungsmotor abzuwerfen, wodurch die elektrische Fahrt weniger elektrische Leistung verbraucht (vgl. Abbildung 2.20) [27, 54].

2.3.5 Elektrische Bauteile

Elektrifizierte Fahrzeuge benötigen im Vergleich zu konventionellen Fahrzeugen drei weiter Hauptkomponenten. Diese sind die Elektrische Maschine, der elektrische Energiespeicher und die Leistungselektronik, welche alle nachfolgend genauer erläutert werden. Zusätzlich werden noch viele andere Bauteile für einen reibungslosen Betrieb benötigt, beispielsweise eine Batterieheizung oder eine Ladeeinheit, dieser werden im Folgenden aufgrund ihrer eher sekundären Funktionen aber nicht vorgestellt.

Elektrische Maschine

Bei der elektrischen Maschine handelt es sich, wie beim Verbrennungsmotor, um einen verlustbehafteten Energiewandler. Die E-Maschine wandelt dabei elektrische Energie, welche aus einem Speichermedium zugeführt wird, in mechanisch abgreifbare Energie an der Antriebswelle um. Der Vorgang der Energiewandlung kann dabei in beide Richtungen erfolgen, die Maschine kann also ebenfalls als Generator verwendet werden, um elektrische Energie zu erzeugen. Die generatorischen und motorischen Aufgaben können sowohl im Vorwärts- als auch im Rückwärtsbetrieb stattfinden, woraus sich vier mögliche Betriebsbereiche ergeben. Die mechanische Energie ergibt sich aus der Drehzahl und dem Drehmoment, welche an der Welle anliegen, die elektrische Energie wird aus der Spannung und der Stromstärke bestimmt, wodurch der Wirkungsgrad schnell und einfach berechnet werden kann.

Die Energieumwandlung erfolgt dabei nach den physikalischen Grundlagen der Wechselwirkung zwischen magnetischen Kraftwirkungen und elektromagnetischer Induktion. Als magnetisches Feld wird dabei der Bereich um einen Magneten definiert, in dem magnetische Körper eine Kraft erfahren [5]. Die Stärke dieses magnetischen Feldes wird bei homogenen Feldern durch die magnetische Feldstärke H in Ampere pro Meter ($A \cdot m^{-1}$) angegeben. Diese ordnet jedem Punkt im Raum die Stärke und die Richtung des Magnetfeldes zu. Bei elektrischen Maschinen kann das magnetische Feld durch einen Permanentmagneten, oder durch Elektromagneten erzeugt werden. Elektromagneten nutzen dafür die physikalischen Eigenschaften durchströmter Spulen. Für das homogene Feld einer Spule kann die magnetische Feldstärke direkt in Abhängigkeit der Wicklungszahl n und der Länge der Spule l angegeben werden [49].

$$\vec{H} = I \cdot \frac{n}{l}$$ Gl. 2.41

Durch Variation der Einflussparameter, also Stromstärke I, Länge der Induktionsspule l, Querschnitt der Induktionsspule A_0 und die Windungszahl n kann

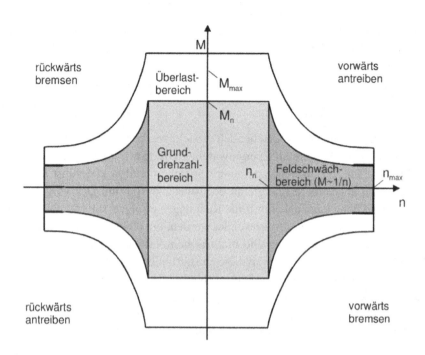

Abbildung 2.24: Vier-Quadranten-Betrieb einer elektrischen Maschine [70]

die Abhängigkeit der induzierten Spannung auf die Parameter gemessen und das Induktionsgesetz hergeleitet werden. Es gilt:

$$\int U_i \, dt = \mu \cdot n \cdot A_0 \cdot \Delta H = \mu_0 \cdot \mu_r \cdot n \cdot A_0 \cdot \Delta H \qquad \text{Gl. 2.42}$$

Die Permeabilitätszahl μ welche sich aus dem Produkt der Konstanten μ_0 und μ_r berechnet, beschreibt den Einfluss von Materie auf das magnetische Feld. Für das Vakuum ist die relative Permeabilität μ_r gleich eins, weshalb das Induktionsgesetz meist nur in Abhängigkeit der magnetischen Feldkonstante μ_0 angegeben wird. Die mangetische Feldkonstante ist wie folgt definiert:

$$\mu_0 = 1,26 \cdot 10^{-6} = 4 \cdot \pi \cdot 10^{-7} \frac{V \cdot s}{A \cdot m} \qquad \text{Gl. 2.43}$$

Durch Auflösen der integralen zur differentialen Form des Induktionsgesetzes erhält man mit der Produktregel:

$$U_i = \underbrace{\mu \cdot n \cdot \frac{dA_0}{dt} \cdot H}_{Veränderung\,der\,Fläche} + \underbrace{\mu \cdot n \cdot A_0 \cdot \frac{dH}{dt}}_{Veränderung\,des\,magnetischen\,Feldes} \qquad \text{Gl. 2.44}$$

Die Größen, deren Änderung eine Induktionsspannung hervorrufen, werden als magnetischer Fluss Φ bezeichnet und in der Einheit Weber, $1\,\text{Wb} = 1\,\text{V} \cdot \text{s}$, angegeben.

$$\Phi = \mu \cdot n \cdot A_0 \cdot H \qquad \text{Gl. 2.45}$$

Bezieht man den magnetischen Fluss auf die Fläche, welche durchdrungen wird, erhält man die mangetische Flussdichte B in Tesla, $1 \cdot \text{T} = \frac{\text{V} \cdot \text{s}}{\text{m}^2}$.

$$B = \frac{\Phi}{A_0 \cdot n} = \mu \cdot H \qquad \text{Gl. 2.46}$$

In Vektorschreibweise gilt:

$$\vec{B} = \mu \cdot \vec{H} \qquad \text{Gl. 2.47}$$

Daraus wird ersichtlich, dass die magnetische Flussdichte und die magnetische Feldstärke in die gleiche Richtung zeigen, und nur durch die Permeabilitätszahl differenziert sind. Um Gl. 2.43 korrekt darstellen zu können, muss die Fläche A ebenfalls durch einen Vektor dargestellt werden, da das Produkt eines

Skalars und eines Vektors kein Skalar ergeben kann. Deshalb wird der Flächen-Normalenvektor $\vec{A}$ eingeführt, der sowohl Richtung, als auch Größe der vom Magnetfeld durchdrungenen Fläche eindeutig definiert. Dadurch kann ebenfalls berücksichtigt werden, dass eine gegebene Fläche nicht senkrecht durchströmt wird, wodurch sich die effektive Fläche verringert.

$$\Phi = \vec{B} \cdot \vec{A_0} = B \cdot A_0 \cdot \cos(\alpha) \qquad \text{Gl. 2.48}$$

Der Winkel α ist dann Null, wenn die Fläche senkrecht auf den Feldlinien steht, also wenn der Normalenvektor parallel zu $\vec{B}$ verläuft [49].

Die in der elektrischen Maschine stattfindende Energiewandlung basiert auf dem Effekt der Lorentzkraft. Diese beschreibt die Kraft auf Ladungsträger, welche sich in einem, durch die oben angegebenen Größen genau definierten, Magnetfeld bewegen. Ein stromdurchflossener Leiter stellt dabei nichts anderes, als eine Anzahl sich bewegender Elektronen im Magnetfeld dar, weshalb er eine Wechselwirkung erfährt. Für die entstehende Kraft gilt:

$$\vec{F} = I \cdot (\vec{\ell} \cdot \vec{B}) \qquad \text{Gl. 2.49}$$

ℓ gibt dabei die Richtung und Länge des sich im magnetischen Feld befinden-den Leiters an [49]. Aus Gl. 2.45 und Gl. 2.46 wird ersichtlich, warum die materialspezifische relative Permeabilität μ_r eine so große Rolle spielt. Durch ein Material, welches eine hohe magnetische Leitfähigkeit und damit eine große relative Permeabilität besitzt, kann bei gleichen Strömen ein sehr viel stärkeres Magnetfeld erzeugt werden. Deshalb wird als Spulenkern oft Eisen eingesetzt.

Wird eine Leiterschleife durch eine äußere Kraft senkrecht zu den Feldlinien des Magnetfelds bewegt, sodass eine Änderung der Fläche stattfindet (translato-rische Induktion) oder eine Veränderung der magnetischen Flussdichte erzeugt (transformatorische Induktion) wird, so wird eine Spannung in den Leiter indu-ziert. Auf Basis des allgemeinen Induktionsgesetzes unter Berücksichtigung der Windungszahl n, gilt für die Induktionsspannung [49]:

$$U_{ind} = -\frac{n}{\cdot}\frac{d\Phi}{dt} = -\frac{n}{\cdot}\cdot\Phi \qquad \text{Gl. 2.50}$$

Die Spannung steigt also mit schneller werdender Änderung des magnetischen Flusses, wobei die Stromrichtung immer so gerichtet ist, dass er der Ursache seiner Entstehung entgegenwirkt, weshalb zur korrekten Darstellung die Seiten der Gleichung ein unterschiedliches Vorzeichen aufweisen müssen. Durch den Induktionsstrom entsteht im Folgenden ein neues Magnetfeld um den Leiter das dem äußeren Magnetfeld entgegengerichtet ist. Durch diese entgegengerichtete Kraft kann die E-Maschine im Generatorbetrieb arbeiten und Drehmoment aufnehmen. Beim elektromotorischen Antrieb wird der Leiter bestromt und erfährt so eine Kraft, welche als Drehmoment an der Welle abgenommen werden kann [5].

Elektrische Maschinen lassen sich grundsätzlich mit Gleichstrom oder mit Wechselstrom (Drehstrom) betreiben. Zu Beginn wurden, aufgrund ihrer leichteren Regelbarkeit, für elektrische Antriebe fast ausschließlich Gleichstrommaschinen eingesetzt. Durch die stetige Weiterentwicklung und verbesserte Regelungsmöglichkeiten, was zur Erhöhung der Leistungsdichte und des Wirkungsgrads von Drehstrommaschinen geführt hat, werden heutzutage fast ausschließlich Drehstrommaschinen als Fahrzeugantrieb eingesetzt. Drehstrommaschinen lassen sich dabei in synchrone und asynchrone Drehstrommotoren aufteilen. Da in der vorgestellten Arbeit eine permanenterregte Synchronmaschine zum Einsatz kommt und die Gleichstrommaschinen sich in der Anwendung nicht durchgesetzt haben, werden diese im Folgenden nicht näher betrachtet.

Alle Typen von Drehstrommaschinen besitzen einen Stator und einen Rotor, der im Stator rotiert. Durch das geregelte Bestromen der Statorwicklungen entsteht ein um die Mittelachse der Stator-Bohrung umlaufendes magnetisches Feld. Um dieses Drehfeld zu erzeugen wird eine spezielle Spulenanordnung im Stator benötigt. Diese Spulen werden mit dem Dreiphasenwechselstrom beaufschlagt, welcher aus drei einzelnen sinusförmigen Wechselströmen, die durch Wechselspannung erzeugt werden, besteht. Alle Spannungen und Ströme haben die gleiche Amplitude und Frequenz, sind aber um 120° phasenversetzt [5, 34, 48, 64].

Eine elektrische Maschine mit zwei Magnetpolen (Polpaarzahl $p = 1$) besitzt 3 Spulen als Statorwicklungen. Allgemein gilt also:

$$Spulen = 3 \cdot p$$ Gl. 2.51

Die Spulen werden um $\frac{120°}{p}$ versetzt im Stator angebracht. Bei der Polpaarzahl eins erhält man also drei um $120°$ versetzte Stränge in Sternanordnung. Wird diese Anordnung mit Drehstrom der Frequenz p beaufschlagt, rotiert das magnetische Drehfeld mit der Synchrondrehzahl n_s, es gilt:

$$n_s = \frac{f}{p}$$ Gl. 2.52

Die Unterscheidung in Synchron- und Asynchronmaschine ist durch die Rotorbewegung gegeben, welche dem rotierenden Feld folgt. Bei der Synchronmaschine rotiert der Rotor mit gleicher Frequenz/Drehzahl, wie das magnetische Drehfeld. Bei der Asynchronmaschine unterscheidet sich die Rotorfrequenz von der Frequenz des magnetischen Drehfelds [34, 48, 64].

Die Asynchronmaschine besitzt zwei verschiedene Rotor-Bauarten, wobei im Folgenden nicht näher auf den Schleifringläufer eingegangen wird, da er dem Käfigläufer in der Effizienz und im Verschleiß unterlegen ist und deshalb in automobilen Antriebssträngen nicht eingesetzt wird [5]. Der Käfigläufer besteht aus kurzgeschlossenen Leiterschleifen, weshalb er auch Kurzschlussläufer genannt wird. Die Leiter sind meist Metallstäbe aus Kupfer oder Aluminium, welche über Kurzschlussringe verbunden sind. Meist werden die Metallstäbe in sogenannte Blechpakete eingebettet, um Wirbelstromverluste zwischen ihnen selbst zu verringern. Diese relative einfache Bauform macht den Käfigläufer robust und günstig, weshalb er sich im Automobilsektor durchgesetzt hat [5, 48]. Durch das umlaufende Magnetfeld wird in die Rotorstäbe eine Spannung induziert, die elektrische Ströme zur Folge haben. Die dadurch entstehende Lorentzkraft rotiert den Rotor mit der selben Drehrichtung wie das Stator-Magnetfeld. Dreht sich der Rotor mit gleicher Drehzahl wie das Magnetfeld, kann keine Spannung mehr induziert werden, da sich die Leiterstäbe nicht mehr in einem sich verändernden Magnetfeld befinden. Die elektrische Maschine kann also nur ein Drehmoment erzeugen, wenn der Stator und das Erregerfeld nicht die gleiche Drehzahl haben, weshalb die nach diesem Prinzip arbeitenden Maschinen Asynchronmaschinen genannt werden. Um diese Asynchronität zu bestimmen wird der Schlupf s eingesetzt.

$$s = \frac{n_S - n}{n_S} \qquad \text{Gl. 2.53}$$

n_S bezeichnet dabei die Synchrondrehzahl, also die Drehzahl des Magnetfelds und n entspricht der Drehzahl des Rotors. Da der Schlupf als Differenz zwischen Drehzahldifferenz und Synchrondrehzahl angegeben wird, gibt man ihn üblicherweise in Prozent an, dreht der Rotor also mit der gleichen Drehzahl wie das Erregerfeld, ist der Schlupf $s = 0\,\%$ [5].

Das von der Asynchronmaschine erzeugte Drehmoment ist durch die Ausrichtung der Magnetfelder abhängig vom Schlupf. Die Asynchronmaschine startet mit einem Anlaufmoment M_A bei einer Drehzahl von $n = 0\,\frac{1}{min}$ und steigt mit wachsender Drehzahl bis zum maximalen Moment, dem sogenannten Kippmoment M_K, an. Danach nimmt das erzeugte Drehmoment schnell ab und verschwindet bei Erreichen der Synchrondrehzahl n_S.

Hinter dem Kippmoment befindet sich in gewissem Abstand zu diesem die Nenndrehzahl. Bei der Nenndrehzahl kann der Asynchronmotor mit einem Nennmoment über längere Zeit betrieben werden, ohne an seine thermischen Belastungsgrenzen zu stoßen. Kurzzeitig kann auch ein höheres Moment erzeugt und die Maschine im Überlastbereich betrieben werden, vergleiche Abbildung 2.24, dabei überhitzt der Motor aber schnell. Der typische Antriebsbereich liegt zwischen 1 % und 10 % Schlupf, also bei 90 − 99 % der Synchrondrehzahl. Wird die Maschine generatorisch betrieben, ist die Rotordrehzahl größer als die Synchrondrehzahl ($n > n_S$), und man spricht von übersynchronem Betrieb.

Um die Asynchronmaschine den Anforderung entsprechend auf Drehzahl und Drehmoment regeln zu können, existieren verschiedenen Einflussmöglichkeiten auf das Erregerfeld. Durch Absenken der an den Statorwicklungen anliegenden maximalen Strangspannungen kann die in Abbildung 2.25 dargestellte Drehmomentkennlinie in y-Richtung gestaucht werden. Die Spannungsregelung kommt jedoch fast nie allein zum Einsatz. Erhöht man die Erregerfrequenz

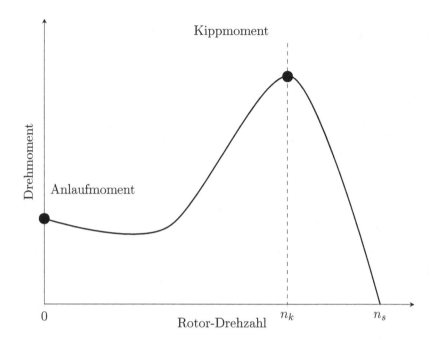

Abbildung 2.25: Schematische Drehmomentkennlinie einer Beispielhaften
Asynchronmaschine bei konstanter Erregerfrequenz

bei konstanter Strangspannung, verschiebt sich die Synchrondrehzahl in positiver x-Richtung, sodass die Betriebsdrehzahl erhöht werden kann. Gleichzeitig nimmt das Kippmoment und damit das maximal mögliche Nenndrehmoment im Quadrat zur Erregerfrequenz ab(vgl. Abbildung 2.26).

Kombiniert man die beiden Regelmöglichkeiten, also eine Erhöhung der Frequenz und der Spannung im selben Verhältnis, spricht man von einer U/f-Regelung. Es gilt:

$$\frac{\text{Maximale Strangspannung}}{\text{Frequenz}} = \frac{U_{max}}{f} = \text{konstant} \qquad \text{Gl. 2.54}$$

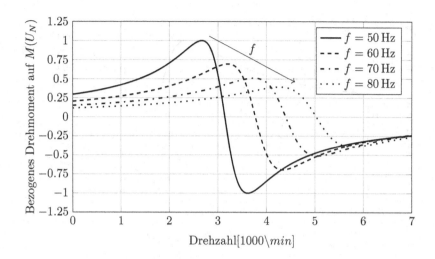

Abbildung 2.26: Variation der Erregerfrequenz bei konstanter Strangspannung U_N

Dadurch lässt sich die Drehmomentkennlinie in x-Richtung verschieben, ohne das Kipp- und Nenndrehmoment zu beeinflussen(vgl. Abbildung 2.27).

Arbeitet die E-Maschine nicht bei maximal möglicher Erregerspannung, kann durch die U/f-Steuerung die Drehzahl bei konstant bleibendem maximalem Drehmoment erhöht werden, man spricht vom Grunddrehzahlbereich, der in Abbildung 2.24 hellgrau markiert ist. Erreicht man den Punkt, an dem die Erregerspannung mit der maximalen Spannung arbeitet, wird durch eine reine Modulation der Erregerfrequenz die Drehzahl weiter erhöht. Dadurch sinkt das maximale Drehmoment, wie oben erläutert ab. Man spricht vom sogenannten Feldschwächebereich, der in Abbildung 2.24 dunkelgrau markiert ist. Durch die gegebenen Regelmöglichkeiten bildet sich unter den physikalischen Gegebenheiten also das typische Kennfeld einer E-Maschine aus [5, 48, 64].

Im Vergleich zur Asynchronmaschine besitzt eine Synchronmaschine eine Rotor mit konstantem und ortsfestem Magnetfeld. In Fahrzeugantrieben werden dazu sehr starke Permanentmagneten aus Barium- oder Strontium-Ferrit oder

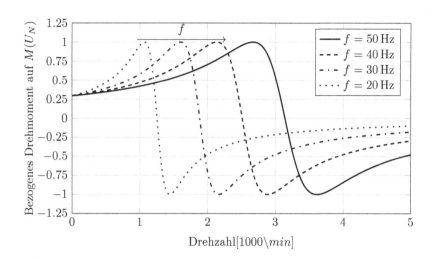

Abbildung 2.27: Proportionale Variation der Strangspannung und Erregerfrequenz

Selten-Erd-Magnete eingesetzt. Die Synchronmaschine weist dadurch höhere
Leistungsdichten und einen höheren konstruktiven Freiheitsgrad auf. Der Sta-
toraufbau ist dabei identisch mit dem der Asynchronmaschine. Aufgrund des
Permanentmagneten im Rotor folgt dieser dem erzeugten Magnetfeld jedoch
synchron, wie eine Kompassnadel dem Erdmagnetfeld. Durch den synchronen
Betrieb lässt sich die Drehzahl n_s direkt aus der Polpaarzahl und der Erregerfrequenz berechnen [34].

$$n_s = \frac{f}{p} \qquad\qquad \text{Gl. 2.55}$$

Die Synchronmaschinen können durch die Anbringung ihrer Magneten und
durch die Ausgestaltung ihrer Pole weiter unterschieden werden. Man unterscheidet bei der Magnetanordnung in Synchronmaschinen mit Oberflächen-
magneten, innenliegenden Magneten und mit Flusssammleranordnung. Bei
der Polanordnung wird in Schenkelpol- und Vollpolmaschinen unterschieden,
wobei diese jeweils wieder in Außen- und Innenpolbauweise unterschieden
werden können [31, 34].

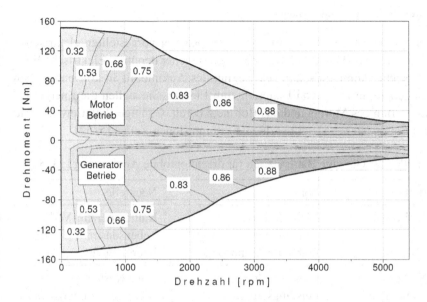

Abbildung 2.28: Beispielhaftes Wirkungsgradkennfeld einer permanenterregten Synchronmaschine [5]

Die Energieumwandlung bei elektrischen Maschinen erfolgt prinzipiell bei einem vergleichsweise hohen Wirkungsgrad. Dennoch führen die auftretenden ohmsche-, mechanische- und Eisenverluste zur Erwärmung der Maschine, wodurch eine Kühlung unerlässlich ist. Die mechanischen Verluste entstehen durch Lagerreibung, Strömungswiderstände und Luftreibung, die ohmschen Verlusten durch Wicklungen vor allem in den Wickelköpfen. Bei den Eisenverlusten unterscheidet man Wirbelstrom und Hystereseverluste, welche direkt in den Blechpakten und ferromagnetischen Bauteilen entstehen [5]. Auch bei der elektrischen Maschine entsteht, wie beim Verbrennungsmotor, ein lastpunktabhängiges Wirkungsgradkennfeld, welches aufgrund des möglichen Generatorbetriebs aber auch in Richtung negativer Drehmomentwerte aufgespannt ist. Ein beispielhaftes Kennfeld ist in Abbildung 2.28 dargestellt.

Elektrischer Energiespeicher

Zur Stromversorgung der im vorherigen Kapitel vorgestellten elektrischen Maschinen, wird ein zusätzlicher Energiespeicher benötigt. Elektrische Energiespeicher kommen schon seit Beginn des Automobils in konventionellen Fahrzeugen in Form von Batterien zum Einsatz. Sie stellen die Energie für das Starten des Motors und das Bordnetz bereit. Gängige Batterietypen sind Blei-Säure, Nickel-Metallhydrid und Lithium-Ionen-Zellen [5, 52].

Tabelle 2.3: Gängige Batteriearten für die automobile Anwendung [13, 52]

Batterieart	Vorteile	Nachteile
Blei-Säure	Niedrige Kosten Sicherheit Etablierte Technologie	Kalttemperatur-Verhalten Lebensdauer Energiedichte
Nickel-Metallhydrid	Energiedichte Leistungsdichte Fehlertolerant	Hohe Kosten Niedrige Wirkungsgrade Hochtemperatur-Verhalten
Lithium-Ionen	Energiedichte Leistungsdichte Niedrige Selbstentladung	Sicherheit Hohe Kosten Lebensdauer

Blei-Säure-Batterien kommen aufgrund ihrer kostengünstigen Herstellung und hohen Sicherheitsstandards am häufigsten als Starter- und Bordnetzbatterien zum Einsatz. Die starke Kälteempfindlichkeit und niedrige Leistungsdichte hindern jedoch ihren Einsatz in elektrifizierten Antrieben, da diese wesentlich höhere Anforderungen an den Energiespeicher stellen. Nickel-Metallhydrid-Batterien haben eine wesentlich höhere Leistungsdichte und besitzen ebenso hohe Sicherheitsstandards. Nachteilig ist allerdings ihr schlechter Wirkungsgrad und die hohen Herstellungskosten. Um eine hohe Spannungslage der Gesamtbatterie zu erreichen, müssen bei Nickel-Metallhydrid-Batterien viele Zellen zusammengeschlossen werden, da jede einzelne Zelle nur eine geringe Leerlaufspannung hat [5, 27, 44, 54].

Lithium-Ionen-Batterien besitzen eine sehr hohe Leistungsdichte, erzielen hohe Wirkungsgrade bei niedriger Selbstentladung. Daher sind Lithium-Ionen-

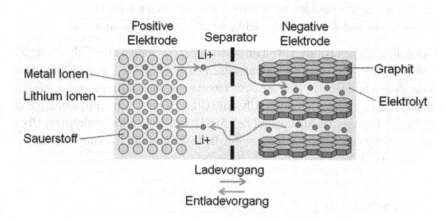

Abbildung 2.29: Prinzipieller Aufbau einer Lithium-Ionen-Zelle [27]

Batterien heute die gängiste Art elektrischer Energiespeicher im Automobil, insbesondere in elektrifizierten Antriebssträngen [52]. Das leichte Lithium ermöglicht dünne Elektroden und in Verbindung mit Anoden aus Graphit können die hohen Leistungen und Energiedichten erreicht werden. Die Reaktionsgleichung läuft folgendermaßen ab [27].

$$LiMO_2 + C_6 \leftrightharpoons MO2 + LiC_6 \qquad \text{Gl. 2.56}$$

Nachteilig sind die hohen Kosten und die Gefahr des Brandes bzw. der thermischen Explosion beim Überhitzen von Lithium-Ionen-Batterien. Batteriemanagementsysteme (BMS) müssen u.a. dafür Sorge tragen, dass die Zellen der Batterie weder überladen noch tiefenentladen wird, sowie vor thermischen Schäden schützen [27, 44, 54]. Typisch für Lithium-Ionen-Zellen sind Rund- oder prismatische Flachzellen [55].

Um teils sehr hohen Spannungen in einem elektrifizierten Fahrzeug liefern zu können, werden Batteriezellen in Reihe geschaltet und in Zellblöcke zusammengefasst. Für eine höhere Kapazität und eine höhere Strombelastbarkeit werden mehrere dieser Zellblöcke wiederum parallel geschaltet. Die Zellblöcke sind ein einem stabilen Gehäuse untergebracht, um die empfindlichen Zellen vor mechanischen Schäden zu schützen. Zudem ist eine Kühlung vonnöten, da Temperauren von 45 °C - 60 °C nicht überschritten werden sollten [5].

Die Zellen können aufgrund von ungleichen Eigenschaften oder Schädigungen unterschiedliche Ladezustände aufweisen (sog. State-Of-Charge SOC). Um diese Zellen vor Tiefenentladung bzw. Überladung zu schützen, wird das BMS in das Batteriegehäuse integriert. Über die Überwachung von Zellspannung und Zellstrom kann so das Steuergerät den SOC einzelner Zellen angleichen. Über die Messung der Temperatur kann das BMS zudem die Kühlung der Zellen regulieren [54].

Leistungselektronik

Die Aufgabe einer Leistungselektronik in einem elektrifizierten Antriebsstrang ist es, die elektrische Energie in Form von Spannung und Strom bereitzustellen und an die momentane Fahrsituation anzupassen. Dafür wandelt sie Frequenz, Amplitude, Effektivwert und Phase von den variablen Größen Strom und Spannung. Die Leistungselektronik sitzt typischerweise zwischen elektrischer Maschine und elektrischem Energiespeicher und erfüllt ihre Funktion in beide Richtungen - von elektrischem Energiespeicher zur elektrischer Maschine (motorischer Betrieb) und von elektrischer Maschine zum elektrischen Energiespeicher (generatorischer Betrieb). Da Batterien mit Gleichspannung/-strom arbeiten und in Fahrzeugen eingesetzte elektrische Maschinen mit Dreiphasenwechselstrom, muss die Leistungselektronik mindestens aus einem Pulswechselrichter (DC/AC-Wandler bzw. AC/DC-Wandler) bestehen. Eine weitere Funktion der Leistungselektronik ist das Hoch- und Tiefsetzstellen von Gleichspannung, wenn unterschiedliche Komponenten im Fahrzeug (bspw. die Batterie) auf einer anderen Spannungsebene arbeiten wie das Bordnetz oder das externe Laden von einer höheren Spannungsebene möglich sein soll. Daher sind in der Leistungselektronik meist noch ein oder mehrere Gleichspannungswandler (DC/DC-Wandler) integriert [55].

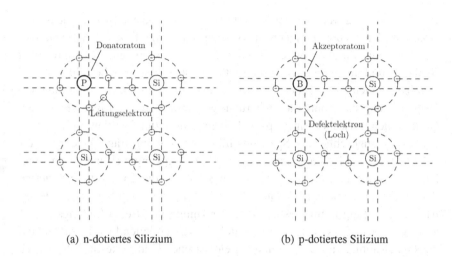

(a) n-dotiertes Silizium   (b) p-dotiertes Silizium

Abbildung 2.30: Halbleiterdotierung am Beispiel von Silizium [58]

Für die Realisierung der Wandlung von Spannung und Strom werden gesteuerte Leistungshalbleiter in Kombination mit Leistungsdioden eingesetzt [55]. Festkörper können aufgrund ihrer elektrischen Leitfähigkeit in drei Gruppen eingeteilt werden: Metalle, Halbleiter und Isolatoren. Die für die Leistungselektronik relevante Gruppe sind die Halbleiter und zeichnen sich durch ihre isolatorischen Eigenschaften bei hinreichend tiefen Temperaturen aus. Bei ausreichend hohen Temperaturen hingegen sind Halbleiter elektrisch leitfähig bzw. können durch äußeren Eingriff elektrisch leitfähig werden. Um die elektrische Leitfähigkeit von Halbleitern zu manipulieren, werden Fremdatome in die Struktur der Halbleiter eingebracht. Diese sog. „Dotierung" kann auf zwei Arten erfolgen [58]:

• Dotierung mit Atomen, die ein Elektron mehr als das Grundmaterial besitzen (sog. „Donatoren"). Die Elektronen sind in diesem Fall der Majoritätsträger und das Material wird n-leitend, siehe Abb. 2.30(a).

• Dotierung mit Atomen, die ein Elektron weniger als das Grundmaterial besitzen (sog. „Akzeptoren"). Hierbei werden die entstehenden Löcher zu Majoritätsträger und das Material wird p-leitend, siehe Abb. 2.30(b).

Bei der Dotierung werden keine Zwischengitterplätze belegt, sondern die Fremd-atome werden auf den normalen Gitterplätzen eingefügt. Eine Diode fungiert als eine Art Ventil für elektrischen Strom, indem sie diesen in eine Richtung sperrt (Isolator) und die andere Richtung fließen lässt (Leiter). Sie besteht aus zwei Halbleiterschichten, wobei die eine p- und die andere n-dotiert ist. Die Funktion einer Leistungselektronik ruht im Grunde genommen auf den Eigenschaften der Grenzschicht zwischen einem p- und einem n-dotierten Halbleiter [58]. Ohne eine extern angeschlossene Spannung führen die Ladungsträger beider Schich-ten eine regellose Bewegung aus. Am pn-Übergang kommt es dadurch zu einer Diffusion von Elektronen der n-dotierten Schicht in die Löcher der p-dotierten Schicht, wodurch neue Elektronenlöcher in der n-dotierten Schicht entstehen. Am pn-Übergang kommt es zu einer Verarmung von freien Ladungsträgern und führt dazu, dass dieser Bereich nicht elektrisch leitend ist. Es bildet sich die sog. „Raumladungszone"mit einer elektrischen Feldstärke aus [58]. Durch Anlegen einer negativen Spannung (negativer Pol an p-dotierte Seite) verstärkt sich das elektrische Feld und die Diode sperrt. Durch Anlegen einer positiven Spannung (negativer Pol an n-dotierte Schicht) erzeugt die Spannungsquelle eine Feldstärke, die der Feldstärke in der Raumladungszone entgegengerichtet ist. Die Raumladungszone verkleinert sich und die elektrische Leitfähigkeit erhöht sich - die Diode wird leitend [58]. Dioden werden auch als bipolare Transistoren bezeichnet.

Eine verbesserte Leistung gegenüber bipolaren Transistoren haben Metalloxid-Feldeffekt-Transistoren (sog. „MOSFET") [25], siehe Abb. 2.31(a). Es handelt sich dabei um ein unipolares Bauelement, wobei nur eine Art an Ladungsträgern am Stromfluss beteiligt ist (sog. „n-Kanal-MOSFET" und „p-Kanal-MOSFET") [36]. Ein MOSFET besteht aus einem leitenden MOS-Kanal, welcher sich auf der Oberfläche eines Halbleiters durch das Anlegen einer Spannung am Gate-Terminal bildet. Ein MOSFET verfügt über drei Anschlüsse, dem Source-, Gate-und Drain-Anschluss. Je nach anliegender Spannung an diesen Kontakten kann der Betrieb in drei unterschiedliche Modi eingeteilt werden: leitend, vorwärts-blockend und rückwärts-blockend. Eine am Drain-Terminal anliegende, im Bezug auf den Source-Anschluss positive Spannung führt zu einer negativen Polung der pn-Junction und das MOSFET ist nicht leitend. Eine am Gate anliegende Spannung kontrolliert die Oberflächenträgerdichte, welche ab einem bestimmten Wert dazu führt, dass aus einer p-Dotierung eine n-Dotierung wird

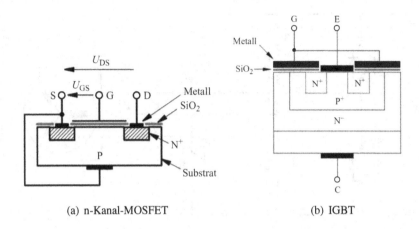

(a) n-Kanal-MOSFET   (b) IGBT

Abbildung 2.31: Strukturen eines MOSFETs und IGBTs [55]

S Source, G Gate, D Drain
E Emitter, C Kolletor
P p-dotiert, P+ stark p-dotiert
N+ stark n-dotiert, N- schwach n-dotiert
U_{DS} Drainspannung, U_{GS} Gatespannung

und sich ein n-Kanal ausbildet - das Bauteil wird leitend. Vorteil von MOSFETs ist die hohe Schaltfrequenz, Nachteil ist die zwingend erforderliche Diode mit ihren hohen Verlusten [4, 32, 55].

Der Insulated-Gate-Bipolar-Transistoren(sog.„IGBT") verbindet die Vorteile eines MOSFETs mit denen eines bipolaren Transistors [40], siehe Abb. 2.31(b). Die hohe Impedanz des MOS-Gate-Terminals hat sehr geringe Verluste, wobei die bipolare Leitfähigkeit das Führen hoher Ströme ermöglicht. IGBTs können sowohl bei sehr kleinen als auch bei sehr hohen Spannungen und Strömen eingesetzt werden [3]. Sie lassen sich nochmals in Non-Punch-Through IGBT (NPT) und Punch-Through IGBT (PT) unterteilen. Bei NPT wird die stark n-dotierte Schicht des MOSFET durch eine schwach n-dotierte Schicht ersetzt und beim PT eine weitere stark n-dotierte Schicht hinzugefügt. NPTs können hohe Schaltfrequenzen bei niedrigen Stromstärken umsetzen, wobei PTs bei geringen Schaltfrequenzen und hohen Stromstärken eingesetzt werden [12]. Das Drain-Terminal eines IGBTs besteht, anders wie beim MOSFET, nicht aus einer n-dotierten, sondern aus einer p-dotierten Schicht. Vom Kollektor ausgehend,

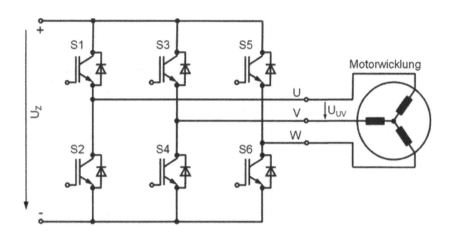

Abbildung 2.32: Schaltbild eines 3-phasigen Pulswechselrichters [27]

ergibt sich somit ein pnp-Übergang. Vorteile gegenüber MOSFETs liegt in der hohen Robustheit und geringen Durchlassverlusten der IGBTs [32, 67].

Für den Einsatz in einem HEV werden Pulswechselrichter benötigt, welche Spannung und Strom entsprechend den Anforderungen anpassen. Der derzeit am häufigsten eingesetzte Pulswechselrichter ist die sog. „B6-Brückenschaltung" [55, 71], siehe Abb. 2.32. Hierbei werden sechs Leistungsschalter (IGBT oder MOSFET) in drei gleich Brückenzweige aufgebaut. Jeder Zweig besteht aus einem High-Side- und einem Low-Side-Schalter. Über unterschiedliche Schaltungsstrategien kann somit aus Gleichspannung/-strom Dreiphasenwechselspannung/-strom erzeugt werden, der direkt von der elektrischen Maschine abgenommen werden kann. Der Pulswechselrichter ist neben der elektrischen Maschine selbst das entscheidende Bauteil bezüglich Effizienz und Leistungsverlusten im Antriebsstrang des HEV [37]. Der Wirkungsgrad einer Leistungselektronik bewegt sich im Bereich 90 % - 95 % [56].

2.4 Hybridfahrzeugsimulation

Zur simulativen Untersuchung eines neuen Antriebskonzepts wird eine detaillierte Simulationsumgebung benötigt. Das Ziel dieser Antriebsstrangsimulation eines Hybridfahrzeuges ist es, den Kraftstoffverbrauch und/oder die Schadstoffemission des Fahrzeugs zu minimieren und gleichzeitig den Ladezustand der Batterie um den gewünschten Wert zu halten. Hierzu wird der Energiefluss innerhalb des Antriebsstranges und des Fahrzeugs reproduziert, um Verbrauch, Emission und den SOC auf Grundlage der Eingabeparameter und Last (durch Fahrprofil) abzuschätzen [45]. Dafür werden alle wichtigen Komponenten des Antriebsstrangs und des Fahrzeuges modelliert und in Energieflussrichtung angeordnet. Die Modellierung der Komponenten kann in unterschiedlichen Abstraktionsebenen erfolgen mit unterschiedlichem Grad an Detaillierung, von Kennfeld-basierten bis hin zu dynamischen Modellen. Grundsätzlich gibt es zwei Ansätze der Modellierung einer Antriebsstrangsimulation: die Rückwärts- und die Vorwärtssimulation.

2.4.1 Simulationsansätze

Die sog. „Rückwärtssimulation" ist ein quasi-statischer Ansatz, der davon ausgeht, dass das simulierte Fahrzeug den vorgegebenen Fahrzyklus exakt einhält, es also keine Abweichung zwischen der Fahrzeuggeschwindigkeit und der Sollgeschwindigkeit gibt. Die berechnete Zugkraft stellt die Kraft dar, die der Antriebsstrang liefern muss. Das Fahrprofil wird als Datensatz mit fest definierten Datenpunkten vorgegeben, wobei zwischen den Datenpunkten linear interpoliert wird. D.h. es wird die Annahme getroffen, dass zwischen den Datenpunkten die Beschleunigung und das Drehmoment konstant bleiben [45]. Mithilfe von Rückwärtssimulationen lassen sich Benchmark-Berechnungen durchführen, die Aufschluss darüber geben, wie hoch die Kraftstoffersparnis bzw. Emissionreduktion mit dem gewählten Modellierungsansatz theoretisch sein kann. Für den Einsatz am Prüfstand oder in Fahrzeugen ist die Rückwärtssimulation in der Regel nicht geeignet, da es in Realität immer eine Abweichung zwischen Soll- und Istwerten gibt.

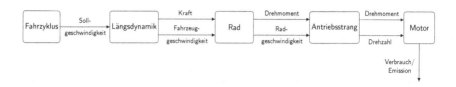

Abbildung 2.33: Schematischer Aufbau einer Rückwärtssimulation

Die sog. „Vorwärtssimulation" ist ein dynamischer Ansatz bei der ein Fahrerregler eingesetzt wird, der je nach Bedatung eine mehr oder weniger ausgeprägte Abweichung des Fahrzeuges vom vorgegebenen Fahrprofil hervorruft. Der Fahrerregler bzw. das Fahrermodell wird meist durch einen PID-Regler abgebildet und zwischen Fahrprofil und Antriebsstrang geschaltet. Je nach Wahl des P-, I- und D-Gliedes lassen sich unterschiedliche Fahrertypen abbilden (bspw. aggressive oder defensive Fahrweise). Aus der Differenz von Soll- und Istwert wird die Drehmoment-Drehzahl-Anforderung für den Antriebsstrang berechnet, welcher dann wieder durch die einzelnen Komponenten in Energieflussrichtung geleitet wird. Anders als eine Rückwärtssimulation benötigen Vorwärtssimulationen eine Rückkopplung der Längsdynamik, um den tatsächlichen Ist-Wert der Fahrzeuggeschwindigkeit zu berechnen. Vorwärtssimulationen eignen sich für den Einsatz am Prüfstand und im Fahrzeug, da mit einer abgestimmten Applikation echtes Fahrerverhalten nachgebildet und unter Einsatz von dynamischen Modellierungsansätzen auch auf verschiedene Fahrsituationen reagiert werden kann.

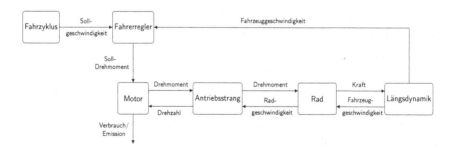

Abbildung 2.34: Schematischer Aufbau einer Vorwärtssimulation

Vorwärts- und Rückwärtssimulationen lassen sich ebenfalls kombinieren, um dem Fahrzyklus genau folgen zu können unter Berücksichtigung der Einschränkungen des Antriebsstrangs. Die Vorwärtssimulation berechnet den Drehmoment-Sollwert, der mit dem Ergebnis der Rückwärtssimulation verglichen wird. Der Drehzahlsollwert des Fahrzyklus erhält eine Rückkopplung aus der Längsdynamikberechnung der Rückwärtssimulation, um Geschwindigkeitsabweichungen zu kompensieren [45].

2.4.2 Längsdynamikmodellierung

Unter Längsdynamik versteht man alle in Längsrichtung auf das Fahrzeug einwirkenden Kräfte, die es überwinden muss, um einem vorgegebenem Fahrprofil oder einem Fahrerwunsch zu folgen. Die wichtigsten Kräfte bzw. Widerstände sind der Rollwiderstand, der Luftwiderstand, der Beschleunigungswiderstand inklusive der Trägheiten aller sich bewegenden Teile und der Steigungswiderstand. Weitere Widerstände, wie z.B. der durch den Schlupf der Rädern verursachte Widerstand, werden nicht betrachtet, da deren Anteil sehr gering ist. Als Annahme wird die Masse des Fahrzeugs als Punktmasse im Schwerpunkt vereinfacht. Die Summe der vier beschriebenen Widerstände ergibt die Traktionskraft, welche das Fahrzeug in Form einer Zugkraft an den Rädern leisten muss:

$$F_{trac} = F_{roll} + F_{luft} + F_{beschl} + F_{steig} \qquad \text{Gl. 2.57}$$

Der Rollwiderstand beschreibt, den durch die Haftung der Räder auf der Straße hervorgerufene Widerstand und wird wie folgt berechnet:

$$F_{roll} = c_{roll} \cdot m_{ges} \cdot g \qquad \text{Gl. 2.58}$$

wobei c_{roll} den Rollwiderstand eines Reifens auf Asphalt beschreibt ($c_{roll} = 0,011 - 0,015$), m_{ges} die Masse des Fahrzeuges inklusive Zusatzlasten (Fahrer) und g die Gravitationskonstante ($g = 9,81\,\text{m s}^{-2}$).

Der Lufwiderstand berechnet sich nach:

$$F_{luft} = c_w \cdot A_{Stirn} \cdot \frac{\rho_{luft}}{2} \cdot v_{Fahrzeug}^2 \qquad\qquad \text{Gl. 2.59}$$

c_w ist der von der Form des Fahrzeuges abhängiger Luftwiderstandsbeiwert, A_{Stirn} die Stirnfläche des Fahrzeuges, ρ_{luft} die Luftdichte und $v_{Fahrzeug}$ die Fahrzeuggeschwindigkeit.

Der Beschleunigungswiderstand des Fahrzeuges wird wie folgt beschrieben:

$$F_{beschl} = e \cdot m_{ges} \cdot a_{Fahrzeug} \qquad\qquad \text{Gl. 2.60}$$

hierbei ist e der Massefaktor welcher die Trägheitsmomente der sich bewegenden und beschleunigten Komponenten im Fahrzeug berücksichtigt ($e > 1$), m_{ges} die Masse des Fahrzeuges inklusive Zusatzlasten (Fahrer) und $a_{Fahrzeug}$ die Fahrzeugbeschleunigung.

Der Steigungswiderstand berechnet sich folgendermaßen:

$$F_{steig} = \sin(\alpha) \cdot m_{ges} \cdot g \qquad\qquad \text{Gl. 2.61}$$

α beschreibt den Steigungswinkel der Straße bzw. des Fahrzeuges, m_{ges} die Masse des Fahrzeuges inklusive Zusatzlasten (Fahrer) und g die Gravitationskonstante ($g = 9{,}81\,\mathrm{m\,s^{-2}}$).

In einer Rückwärtssimulation kann aus der Traktionskraft F_{trac} die Momenten- und Drehzahlanforderung an die Antriebsmaschinen (Verbrennungsmotor und E-Maschine) berechnet werden. Dazu wird zunächst aus der Traktionskraft das erforderliche Radmoment berechnet:

$$M_{Rad} = F_{trac} \cdot r_{Rad} \qquad\qquad \text{Gl. 2.62}$$

wobei r_{Rad} den Radius des Reifens beschreibt. Aus der Fahrzeuggeschwindigkeit $v_{Fahrzeug}$, im Rückwärtsmodell also die Sollgeschwindigkeit, wird zudem die erforderliche Raddrehzahl berechnet:

$$n_{Rad} = \frac{v_{Fahrzeug}}{2 \cdot \pi \cdot r_{Rad}} \qquad \text{Gl. 2.63}$$

Je nach Hybridarchitektur werden nun M_{Rad} und n_{Rad} durch die weiteren Antriebstrangkomponenten an die Antriebsmaschinen geleitet. In einem P2-Hybrid bspw. muss nun die Übersetzung und Wirkungsgrad des Differentials und des Getriebes im gewünschten Gang mit dem Radmoment und der Raddrehzahl verrechnet werden:

$$M_{Antrieb} = \frac{M_{Rad}}{\eta_{Diff} \cdot \eta_{Getriebe} \cdot i_{Diff} \cdot i_{Getriebe}} \qquad \text{Gl. 2.64}$$

$$n_{Antrieb} = n_{Rad} \cdot \eta_{Diff} \cdot \eta_{Getriebe} \cdot i_{Diff} \cdot i_{Getriebe} \qquad \text{Gl. 2.65}$$

Das erforderliche Antriebsmoment $M_{Antrieb}$ und die erforderliche Antriebsdrehzahl $n_{Antrieb}$ werden nun an die Betriebsstrategie weitergegeben, welche dann je nach Modell und Auslegung entscheidet, in welcher Art und Weise diese an die Antriebsmaschinen weitergegeben werden.

In einem Vorwärtsmodell vergleicht der Fahrerregler die Ist-Geschwindigkeit mit der Soll-Geschwindigkeit aus einem Fahrzyklus und betätigt das Gaspedal, um den gewünschten Wert zu erreichen. Aus der Geschwindigkeitsdifferenz wird die erforderliche Beschleunigungs- oder Bremskraft berechnet, welches das Fahrzeug aufbringen muss, um die Differenz zu überwinden [45]:

$$M_{Fahrzeug} \cdot \frac{dv_{Fahrzeug}}{dt} = F_{beschl} = F_{trac} - F_{roll} - F_{luft} - F_{steig} \qquad \text{Gl. 2.66}$$

$$F_{trac} = F_{Gaspedal} - F_{Bremspedal} = F_{beschl} + F_{roll} + F_{luft} + F_{steig} \qquad \text{Gl. 2.67}$$

Aus der Differenz von Gaspedal- und Bremspedalkraft kann wiederum das Antriebsmoment $M_{Antrieb}$ berechnet werden, das dann zusammen mit der Antriebsdrehzahl $n_{Antrieb}$ wie in Gl. 2.64 und Gl. 2.65 berechnet wird. Ebenso wie im Rückwärtsmodell, werden diese Werte dann an die Betriebsstrategie weitergegeben.

2.4.3 Energiemanagement

Die Aufgabe des Energiemanagements in Hybridfahrzeugen besteht darin, die Menge der Leistung zu bestimmen, die zu jedem Zeitpunkt von den im Fahrzeug vorhandenen Energiequellen geliefert wird. Das Ziel des Energiemanagementsystems (EMS) ist es, die optimale Leistungsverteilung zu bestimmen, um den Kraftstoffverbrauch und/oder den Schadstoffausstoß zu minimieren unter Einhaltung aller Betriebsgrenzen (bspw. SOC-Grenzen der Batterie). Bestimmt der Fahrer bzw. der Fahrerregler über die Gesamtleistungsanforderung, entscheidet die EMS über die Leistungsverteilung zwischen den einzelnen Komponenten [45]. Grundsätzlich umfasst die Regelung eines HEVs zwei Aufgaben [45]:

- Auf Komponentenebene (niedrige Ebene) muss jede Komponente des Antriebsstrangs mit Hilfe von Regelungsmethoden gesteuert werden.

- Auf Überwachungsebene (hohe Ebene) wird der Energiefluss an Bord des Fahrzeuges, unter Beibehaltung des Ladezustands der Batterie, in ihren Betriebsgrenzen, geregelt. Diese Überwachungsebene ist das Energiemanagementsystem (EMS), es empfängt und verarbeitet Informationen vom Fahrzeug und Fahrer und gibt die optimalen Sollwerte an die Aktuatoren der Komponentenebene weiter. Zudem bestimmt die EMS, in welchem Betriebsmodus das Fahrzeug fahren soll.

Energiemanagementsystem und deren Optimierungsproblem lassen sich auf mehrere Arten umsetzen, wobei es zwei große Bereiche gibt: regelbasierte und modellbasierte Optimierung [45].

- Regelbasierte Ansätze verfolgen keine explizite Minimierung oder Optimierung, sondern stützen sich auf eine Reihe von Regeln, um so den Sollwert für die Leistungsverteilung zu bestimmen. Da der rechnerische Aufwand sehr gering ist, eignen sie sich sehr gut für einen echtzeitfähigen Einsatz [45].

- Modellbasierte Ansätze berechnen die optimalen Leistungsverteilung durch die Minimierung einer Kostenfunktion über einen festen und bekannten Fahrzyklus. Aufgrund des höheren Rechenaufwandes können sie nicht immer bzw. nur mit einer rechnerischen Optimierung in Echtzeit eingesetzt werden. Modellbasierte Optimierungsverfahren unterteilen sich nochmals in numerische und analytische Ansätze [45].

- Numerische Methoden (dynamische Programmierung) berücksichtigen den gesamten Fahrzyklus und finden das globale Optimum numerisch.

- Analytische Methoden verwenden eine analytische Formulierung (Equivalent Consumption Minimization Strategy) zur Lösung des Optimierungsproblems.

Formulierung des Optimierungsproblems

Zur mathematischen Fomulierung wird angenommen, dass zunächst nur der Kraftstoffverbrauch in Form der Kraftstoffmasse $m_{Kraftstoff}$ optimiert werden soll. Nach [45] besteht das Optimierungsproblem in einem HEV darin, eine Regelung $u(t)$ zu finden, welche die verbrauchte Kraftstoffmasse $m_{Kraftstoff}$ über die Dauer eines Fahrzyklus t_{Zyklus} minimiert. Das entspricht einer Minimierung der Kostenfunktion J [45]:

$$J = \int_{t_0}^{t_{Zyklus}} \dot{m}_{Kraftstoff}(u(t),t)\,dt \qquad \text{Gl. 2.68}$$

Die Minimierung der Kostenfunktion unterliegt den Einschränkungen der physikalischen Grenzen aller Stellglieder und die der Betriebsgrenzen des SOCs.

Die Systemdynamik wird allgemein beschrieben durch [45]:

$$\dot{x}(t) = f(x(t),u(t)) \qquad \text{Gl. 2.69}$$

mit $x(t) = \text{SOC}$ und $u(t) = P_{batt}$. Wird die Batterie als ein Ersatzschaltungsmodell nullter Ordnung, mit $R_0(\text{SOC})$ als Ersatzwiderstand und $V_{OC}(\text{SOC})$ als Leerlaufspannung, beschrieben, ergibt sich folgende Formulierung der Gl. 2.69 [45]:

$$\dot{x} = -\frac{1}{\eta_{coul}^{\text{sign}(I(t))} \cdot Q_{norm}} \cdot \left[\frac{V_{OC}(x)}{2 \cdot R_0(x)} - \sqrt{\left(\frac{V_{OC}(x)}{2 \cdot R_0(x)}\right)^2 - \frac{u(t)}{R_0(x)}} \right] \qquad \text{Gl. 2.70}$$

Wie bereits erwähnt, unterliegt die EMS und somit auch die Problemformulierung globalen und lokalen Einschränkungen. Die globale Beschränkung in einem ladungserhaltenden HEV ist, dass der Ladezustand der Batterie (SOC) am Anfang und Ende des Fahrzyklus gleich sein muss [45]:

$$x\left(t_{\text{Zyklus}}\right) = x\left(t_0\right)$$
$$x\left(t_{\text{Zyklus}}\right) - x\left(t_0\right) = \Delta x = 0$$

Gl. 2.71

Diese Einschränkung kann in praktischen Anwendungen nie vollkommen erfüllt werden, da es immer eine minimale Abweichung des SOCs gibt. Daher ist es ausreichend, wenn sich der SOC am Ende des Zyklus innerhalb eines engen Grenzbandes um den Ziel-SOC befindet.

Lokale Beschränkungen werden den Zustands- und Regelparametern auferlegt. Zustandsbeschränkungen sind notwendig, damit der SOC zwischen einem Mindest- und einem Höchstwert bleibt, aufgrund des höheren Wirkungsgrades innerhalb dieses Bands sowie zum Schutz der Batterie. Einschränkungen der Regelparametern werden auferlegt, um die physikalischen Betriebsgrenzen (Drehmoment, Geschwindigkeit, Batterieleistung) zu gewährleisten. Die wichtigsten lokalen Beschränkungen sind nachfolgend aufgeführt [45]:

$$\text{SOC}_{\min} <= \text{SOC}\left(t\right) <= \text{SOC}_{\max}$$
$$P_{(\text{batt,min})} <= P_{\text{batt}}\left(t\right) <= P_{(\text{batt,max})}$$
$$M_{(\text{x,min})} <= M_{\text{x}}\left(t\right) \quad <= M_{(\text{x,max})}$$
$$n_{(\text{x,min})} <= n_{\text{x}}\left(t\right) \quad <= n_{(\text{x,max})}$$

Gl. 2.72

Weitere lokale Beschränkungen können der Fahrbarkeit dienen, beispielsweise eine Beschränkung der Häufigkeit von Betriebsmodiwechseln.

Das Problem des Findens einer optimalen Leistungsverteilung durch das EMS kann wie folgt formuliert werden:

„Das optimale Energiemanagementproblem in einem ladungserhaltenden HEV besteht darin, die Steuersequenz u^* zu finden, die die Kostenfunktion Gl. 2.68 minimiert, bei gleichzeitiger Erfüllung der dynamischen Zustandsbedingung Gl. 2.69, der globalen

Zustandsbeschränkung Gl. 2.71 und der lokalen Zustands- und Regelungsbeschränkungen Gl. 2.72.“

[45]

Wie bereits erwähnt, kann die harte globale Beschränkung nicht vollkommen erfüllt werden, da es in Realität immer eine geringe Ladungsabweichung gibt. Alternativ kann diese Beschränkung auch als weiche Beschränkung ausgeführt werden, durch die Bestrafung der Abweichungen vom Sollwert. Dies geschieht durch eine Straffunktion, die der Kostenfunktion hinzugefügt wird [45]:

$$J = \phi\left(x\left(t_{\text{Zyklus}}\right)\right) + \int_{t_0}^{t_{\text{Zyklus}}} \dot{m}_{\text{Kraftstoff}}\left(u\left(t\right),t\right)dt \qquad \text{Gl. 2.73}$$

$\phi\left(x\left(t_{\text{Zyklus}}\right)\right)$ modifiziert die Kostenfunktion so, dass es den Endwert der Nebenbedingung in die Nähe des gewünschten Ziel-Wertes bringt. Mittels einer quadratische Funktion können negative und positive Abweichungen vom Zielwert auf gleiche Weise bestraft werden [45].

$$\phi\left(x\left(t_{\text{Zyklus}}\right)\right) = w\int_{t_0}^{t_{\text{Zyklus}}} \dot{x}\left(t\right)dt \qquad \text{Gl. 2.74}$$

Die bisherigen Formulierungen gehen davon aus, dass nur der Kraftstoffverbrauch minimiert werden soll. Allerdings können mit einem allgemeineren Term auch weitere Größen, wie Emission, Fahrbarkeit, Batteriealterung, etc. in die Minimierung mit aufgenommen werden [45]:

$$J = \phi\left(x\left(t_{\text{Zyklus}}\right)\right) + \int_{t_0}^{t_{\text{Zyklus}}} L\left(x\left(t\right),u\left(t\right),t\right)dt \qquad \text{Gl. 2.75}$$

wobei L die Kostenfunktion ist, mit welcher verschiedene Parameter mit in die Minimierung mitaufgenommen und unterschiedlich gewichtet werden können.

2.4.4 Lösung des Optimierungsproblems

Dynamische Programmierung

Die dynamische Programmierung (DP) ist eine numerische Methode zur Lösung von Entscheidungsfindungs-Problemen [9, 10] und ist in der Lage das Optimum eines Problems jeglichen Grades an Komplexität zu finden. Da sie jedoch nicht kausal ist, benötigt sie immer Informationen über den gesamten Optimierungshorizont. Im Falle der Betriebsstrategie eines HEV also den gesamten Fahrzyklus. Daher ist die DP lediglich im simulativen Rahmen einzusetzen und nicht echtzeitfähig [45]. Die DP geht auf Richard Bellman zurück, der im Jahr 1957 das „Optimalitätsprinzip von Bellman" beschrieben hat [9]:

> „An optimal policy has the property that whatever the initial state and initial decision are, the remaining decisions must constitute an optimal policy with regard to the state resulting from the first decision."

Bellman — 1957

Mit anderen Worten ist von einem beliebigen Punkt auf einem optimalen Pfad auch der verbleibende Pfad optimal für das initiierte Problem [45]. Die DP kann verwendet werden, um das Energiemanagementproblem aus 2.4.3 zu lösen, wobei folgendes gilt [45]:

- **Abfolge an Regelungen** u_K **(Entscheidungen)**: Leistungsverteilung zwischen dem Verbrennungsmotor und dem elektrischen Energiespeicher in aufeinanderfolgenden Zeitschritten.

- **Kosten**: Kraftstoffverbrauch, Energieverbrauch, Emissionen oder jedes andere Konstruktionsziel.

- **Menge der Entscheidungen**: Wird unter Berücksichtigung des Zustands jeder Antriebsstrangkomponente und des Gesamtleistungsbedarfs bestimmt.

- **Anzahl der Lösungen**: Kompromiss zwischen den rechnerischen Möglichkeiten und der Genauigkeit des Ergebnisses

- **Ergebnis**: Raster möglicher Power-Splits oder Lösungskandidaten mit Kosten für jeden der Lösungskandidaten.

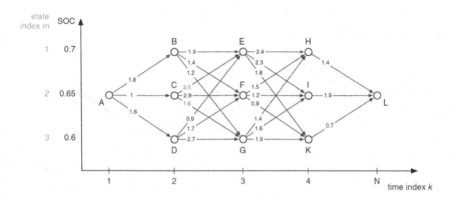

Abbildung 2.35: Beispielhafter Optimierungshorizont eines HEV [45]

• **Finden des Optimums**: Rückwärtsgerechnet, also beginnend vom Ende des Fahrzyklus, werden für jeden Netzpunkt die zu erwartenden Kosten (sog. „cost-to-go") berechnet und in einer Kostenmatrix gespeichert. Wenn der gesamte Zyklus untersucht worden ist, stellt der Weg mit den niedrigsten Gesamtkosten die optimale Lösung dar.

Am Beispiel eines HEV wird das Aufstellen des Optimierungshorizonts und das Finden der optimalen Lösung nachfolgend erläutert. Abb. 2.35 zeigt hierbei den Optimierungshorizont. Es wird anhand der erforderlichen Batterieleistung für jeden Zeitschritt die Entscheidung getroffen, welcher Weg im Optimierungshorizont genommen wird. Der Horizont spannt sich über die Zeitschritte (des Fahrzyklus) und den Änderungen im SOC durch den gewählten Weg auf. Die Punkte A bis L stellen den SOC in jedem Zeitschritt dar, welchen das HEV erreicht, wenn der angehängte Weg, in Form der Verbindungslinien, gewählt wurde. Die Zahlen zwischen den Verbindungslinien beschreiben die Kosten, in diesem Fall also die erforderliche Batterieleistung, welche entstehen wenn dieser Weg gewählt wird (cost-to-go). Der Weg, der gewählt wurde, beschreibt im HEV, welche Abfolge an Leistungsverteilung zwischen Verbrennungsmotor und elektrischer Maschine genommen werden soll. Der Start- und End-SOC werden entsprechend der globalen Beschränkung nach Gl. 2.71 festgelegt und dürfen daher nicht voneinander abweichen.

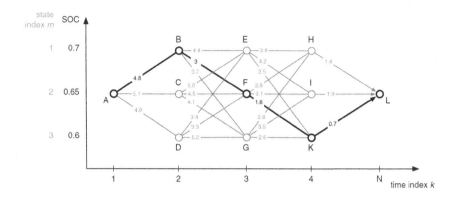

Abbildung 2.36: Global optimaler Weg des Optimierungshorizont [45]

Nach dem Optimalitätsprinzip von Bellman können nun ausgehend vom Ende des Fahrzyklus (Punkt L) nur die kostengünstigsten, kombinierten Teilpfade betrachtet werden, wodurch man das globale Optimum des gegebenen Optimierungshorizonts erhält. Am vorliegenden Beispiel wird nun zunächst der günstigste Pfad von Zeitpunkt N zu Zeitpunkt 3 gesucht. Dazu werden alle Teilpfade von L nach E, F und G untersucht. Am Beispiel des Punktes F werden die Pfade L-H-F, L-I-F und L-K-F bewertet, wobei der Pfad L-K-F die geringsten Kosten aufweist. Wird nun die Optimierung für die weiteren Zeitschritte fortgeführt, können alle Pfade, die L-I-F oder L-H-F enthalten, ausgeschlossen werden. Der Ausschluss dieser Teilpfade reduziert die Gesamtrechendauer erheblich gegenüber einer Brute-Force-Berechnung. Der global optimale Weg für das gegebene Beispiel ergibt sich schließlich zu A - B - F - K - L (siehe Abb. 2.36).

Equivalent Consumption Minimization Strategy

Die dynamische Programmierung kann zwar das globale Optimum finden, jedoch erlaubt die Notwendigkeit des gesamten Optimierungshorizontes zum Beginn der Optimierung keine Echtzeitfähigkeit. Die Equivalent Consumption Minimization Strategy (ECMS) wurde erstmals durch Paganelli [47] im Jahr 1999 vorgestellt, welche zum Ziel hat, das globale Optimierungsproblem auf ein

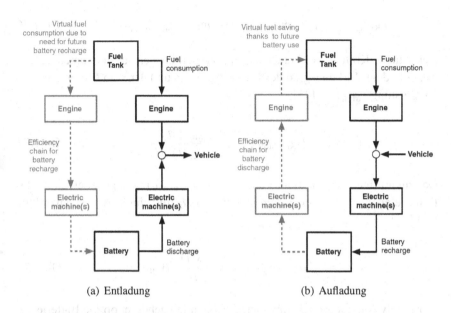

(a) Entladung　　　　　　　　　　　(b) Aufladung

Abbildung 2.37: Energiepfade in einem parallelen HEV bei Aufladung und
Entladung der Batterie [45]

echtzeitfähiges Minimierungsproblem zu reduzieren. Man spricht daher auch
von einer lokalen Optimierung. Der ECMS liegt zugrunde, dass alle Energie in
einem HEV schlussendlich aus der Kraftstoffenergie kommt, d.h. jegliche Energie, die aus der Batterie entnommen wird, muss zu einem späteren Zeitpunkt
wieder durch Kraftstoffenergie aufgefüllt werden (generatorischer Betrieb), siehe Abb. 2.37(a). Dementsprechend sollte der SOC am Ende eines Zyklus dem
initialen SOC am Start des Zyklus entsprechen. Enthält die Batterie im Verlauf
einer Fahrt mehr Ladung als zum Start eines Zyklus, so kann diese genutzt
werden, um zu einem späteren Zeitpunkt einen Teil der Kraftstoffenergie zu
ersetzen [45], siehe Abb. 2.37(b).

Der elektrischen Energie kann daher immer ein äquivalenter Kraftstoffverbrauch (positiv oder negativ) zugeordnet werden, welcher zu einem späteren
Zeitpunkt zum Tragen kommt. Dieser äquivalente Kraftstoffverbrauch ist wie
folgt definiert [45]:

$$\dot{m}_{\text{Kraftstoff,eqv}}\left(t\right) = \dot{m}_{\text{Kraftstoff}}\left(t\right) + \dot{m}_{\text{Kraftstoff, Zukunft}}\left(t\right) \qquad \text{Gl. 2.76}$$

Der aktuelle Kraftstoffverbrauch $\dot{m}_{\text{Kraftstoff}}\left(t\right)$ ergibt sich aus dem unteren Heizwert H_u, dem Wirkungsgrad des Motor $\eta_{\text{Motor}}\left(t\right)$ und der vom Motor generierten Leistung $P_{\text{Motor}}\left(t\right)$ [45]:

$$\dot{m}_{\text{Kraftstoff}}\left(t\right) = \frac{P_{\text{Motor}}\left(t\right)}{\eta_{\text{Motor}}\left(t\right)\cdot H_u} \qquad \text{Gl. 2.77}$$

Der zukünftigen Kraftstoffverbrauch $\dot{m}_{\text{Kraftstoff,Zukunft}}\left(t\right)$ ist gegeben durch die Batterieleistung P_{batt}, dem unteren Heizwert H_u und einem Äquivalenzfaktor $s\left(t\right)$ [45]:

$$\dot{m}_{\text{Kraftstoff, Zukunft}} = \frac{s\left(t\right)}{H_u}\cdot P_{\text{batt}} \qquad \text{Gl. 2.78}$$

Der Äquivalenzfaktor $s\left(t\right)$ unterscheidet sich je nachdem, ob die Batterie geladen oder entladen wird und beinhaltet die Kosten der elektrischen Energie, indem er die elektrische Leistung in einen entsprechenden Kraftstoffverbrauch umrechnet. Bildlich kann man sich den Äquivalenzfaktor als die Wirkungsgradkette der Umwandlung von Kraftstoffenergie in elektrische Energie vorstellen [45]. Für die quantitative Bestimmung von $s\left(t\right)$ gibt es verschiedene Ansätze: für jedes Optimierungsproblem (bspw. paralleler HEV im WLTC) gibt es einen idealen konstanten Äquivalenzfaktor für die Entladung und Aufladung, mit dem ein lokales Optimum gefunden werden kann. Es kann also mithilfe von statistischer Versuchsplanung (DOE) eine optimale Paarung für $\left[s\left(t\right)_{\text{Aufladung}}, s\left(t\right)_{\text{Entladung}}\right]$ gefunden werden. Ein weiterer Ansatz ist in [50] beschrieben, auf den im Abschnitt 3.3.10 genauer eingegangen wird. Mithilfe des Äquivalenzfaktors lässt sich somit zu jedem beliebigen Zeitpunkt der aktuelle tatsächliche Kraftstoffverbrauch sowie der durch die elektrische Leistung äquivalente Kraftstoffverbrauch bestimmen und in Echtzeit optimieren. In der Praxis wird dazu eine Matrix aufgespannt, welche alle in dem aktuellen Zeitpunkt möglichen Betriebspunkte enthält (alle Gänge sowie verbrennungsmotorische Fahrt, elektrische Fahrt, Auflasten oder Boosten mit X%-Anteil).

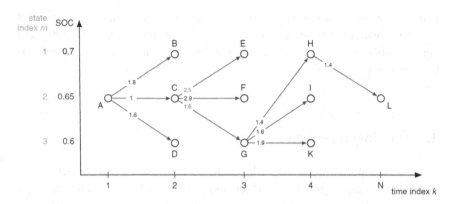

Abbildung 2.38: Lokal optimaler Weg des Optimierungshorizont bei Verwendung der ECMS [45]

Jedem dieser Betriebspunkte kann ein genauer Kostenwert, in Form eines Kraftstoffverbrauchs, zugeordnet werden (cost-to-go). Die ECMS sucht nun in der Matrix das Minimum an Kosten und entscheidet dann, welcher Betriebspunkt gefahren werden soll. Vergleicht man die ECMS mit der dynamischen Programmierung anhand des Optimierungshorizonts nach Abb. 2.35, so erkennt man an Abb. 2.38, dass sich ein deutlich eingeschränkterer Optimierunshorizont bei Verwendung der ECMS ergibt. Das liegt daran, dass die ECMS lediglich anhand des aktuellen anliegenden Betriebspunktes und der aktuell angeforderten Leistung den nächsten Zeitschritt berechnen kann. Die ECMS kann daher nur anhand der zum nächsten Zeitschritt zu erwartenden Kosten (cost-to-go) entscheiden, welcher Betriebspunkt das Minimum an Kosten darstellt. Es ergibt sich damit lediglich eine lokal optimale Lösung des Problems gegenüber der global optimalen Lösung der dynamischen Programmierung.

Da die ECMS in ihrer Reinform eine strikt mathematische Optimierung ist, ändert die ECMS (ohne weitere Modifikation) meist in jedem Zeitschritt den Betriebspunkt, sodass eine echte Fahrbarkeit zunächst nicht gegeben ist. Daher wird die ECMS um Penaltierungen erweitert, die eine Fahrbarkeit auch im realen Betrieb ermöglichen sollen. In dieser Arbeit werden Penaltierungen, in Form von zusätzlichem Kraftstoffverbrauch, auf die Entscheidungsmatrix der ECMS addiert.

Penaltiert werden häufige Motorstarts, häufige Gangwechsel, häufige Wechsel der Betriebsmodi (Auflasten, Boosten), sowie Betriebspunkte die außerhalb der Betriebsgrenzen der E-Maschine und des Verbrennungsmotors liegen (zu hohes/niedriges Moment/Drehzahl).

2.5 Vorgängerarbeiten

Zum Verständnis der Ziele der vorliegenden Arbeit, welche sich aus den Ergebnissen der Vorgängerprojekte (Verbrennungsregelung I [53] und Verbrennungsregelung II [63]) ableiten, ist es nötig diese genauer zu erläutern. Dabei wird der Schwerpunkt auf das chronologisch später stattgefundene Projekt, Verbrennungsregelung II, gelegt. Durch die Analyse der beiden Arbeiten lassen sich die Zielsetzung und die Herangehensweise der vorliegenden Arbeit ableiten.

2.5.1 Verbrennungsregelung I

Kerngedanke des Einsatzes einer Verbrennungsregelung und der Umsetzung am realen Motor im Zuge eines FVV-Projektes, sind die immer strenger regulierten Emissionswerte von Verbrennungsmotoren, insbesondere des Dieselmotors. Die konventionelle Dieselverbrennung hat einen hohen Anteil an nicht-vorgemischter Verbrennung, welche durch den Sauerstoffmangel zu Bildung von Rußpartikeln führt. Diese lassen sich zwar durch hohe Verbrennungstemperaturen und somit durch Nachoxidation wieder erheblich reduzieren, jedoch führen die hohen Temperaturen im Brennraum zur Bildung von Stickstoffoxiden (NO_x), hauptächlich durch den Zeldovich-Mechanismus (siehe Abschnitt 2.2.5). Demnach ergibt sich eine Ruß-NO_x-Schere: die Senkung der einen Emissionsart führt zu Erhöhung der anderen und vice versa.

Mit einem hohen Anteil an zurückgeführtem Abgas (AGR) und einer frühen Einspritzung in den Brennraum, kann eine Homogenisierung des Dieselbrennverfahrens umgesetzt werden (siehe dazu pHCCI im Abschnitt 2.2.4). Der notwendige Zündverzug zur Homogenisierung wird durch die niedrigeren Brennraumtemperaturen erreicht, die sich aus den hohen AGR-Raten erzielen lassen. Die niedrige Verbrennungstemperatur und die stärkere Homogenisierung führt zu niedrigeren NO_x- und Ruß-Emissionen.

In Verbrennungsregelung I wurde ein teilhomogenes Brennverfahren (pHCCI) an einem OM642 von Daimler mit dem Forschungssteuergerät ProTRONIC der Firma Schaeffler Engineering umgesetzt. Mit Kenntnis der Einflüsse und Wechselwirkungen der Stellgrößen wurde eine völlig eigenständige Funktions- und Regelungsstruktur entwickelt, die einen transienten Motorbetrieb mit teilhomogener Verbrennung ermöglicht. Mit Hilfe dieser Funktionsstruktur und weiterer Untersuchungen zum Brennverfahren und Motorverhalten war es möglich, eine Betriebsartenumschaltung zu realisieren und das Profil des gesamten NEFZ am realen Motor nachzufahren. Die Betriebsartenumschaltung zwischen teilhomogener und konventioneller Verbrennung ist notwendig, da das teilhomogene Brennverfahren hohe Zylinderdruckgradienten aufweist, welche bei zu hoher Last (> 4 bar pmi) zu starken Verbrennungsgeräuschen und schließlich auch zur Schädigung des Motors führen können. Zur Senkung der Druckgradienten wurde der Dieselmotor auf ein niedrigeres Verdichtungsverhältnis von $\varepsilon = 15,5$ umgebaut.

2.5.2 Verbrennungsregelung II

Nachfolgend zum Forschungsprojekt Verbrennungsregelung I wurde eine weitere Untersuchung der teilhomogenen Verbrennung durchgeführt. Zwar konnte in Verbrennungsregelung I ein teilhomogenes Brennverfahren mit gesteuerter Umschaltung zum konventionellen Dieselbrennverfahren an einem OM642 umgesetzt werden, die Ergebnisse zeigen jedoch einige notwendige Nachbesserungen, die im Rahmen des FVV-Projekts Verbrennungsregelung II umgesetzt wurden. Das durch den niedrigen Ladedruck im unteren Lastbereich begrenzte teilhomogene Brennverfahren, sowie die Verschmutzung des Hochdruck-AGR-Zwischenkühlers durch die AGR-Strecke erfordert die Nachrüstung einer zusätzlichen Niederdruck-AGR-Strecke, welche nach dem Dieselpartikelfilter das Abgas zurückführt. Die Hochdruck-AGR-Strecke ist weiterhin erforderlich, um die lange Totzeit der Niederdruck-AGR-Strecke auszugleichen und so eine stabileres Brennverfahren zu ermöglichen. Im Prüfstandsbetrieb von Verbrennungsregelung I hat sich gezeigt, dass der Lambda-Sensor in der Saugstrecke durch die hohe AGR-Rate schnell verschmutzt, weshalb in Verbrennungsregelung II ein virtueller Lambda-Sensor entwickelt wurde. Eine Multiple-Input-Multiple-Output (MIMO)-Regelstruktur ersetzt die kennfeldbasierte Steuerung aus Verbrennungsregelung I weitestgehend. Zudem wurde die gesteuerte Betriebsartenumschaltung durch eine Regelung mit Rückkopplung ersetzt, um so den Applikationsaufwand zu verringern und die Güte zu erhöhen.

Die Ergebnisse aus Verbrennungsregelung II am NEFZ und WLTC zeigen eine weitere Senkung der Ruß- und NO_x-Emissionen gegenüber Verbrennungsregelung I. Im teilhomogenen Betrieb sind keine Ruß-Emissionen mehr messbar und die NO_x-Emissionen können in der Stadtphase des WLTC auf unter 20 ppm reduziert werden. Durch den Eingriff der Druckgradientenregelung in stark transienten Phasen kann der Zylinderdruckgradient auf unter 7 bar pmi gehalten werden.

3 Hybridantriebsstrangsimulation

3.1 Rahmenbedingungen

Zum besseren Verständnis der Fahrzeugsimulation müssen zuerst einige Randbedingungen, die sowohl die Simulationsumgebung als auch das simulierte Fahrzeug selbst betreffen, erläutert werden. Die Umsetzung des Fahrzeugkonzepts eines 48 V-Mild-Hybrids mit teilhomogener Dieselverbrennung findet unter Anwendung der Simulationssoftware MATLAB® und Simulink® statt. Das Fahrzeugkonzept ist als P2-Hybrid (siehe Abschnitt 2.3.3 mit zusätzliche Kupplung zwischen elektrischer Maschine und Verbrennungsmotor ausgeführt. Die elektrische Maschine sitzt am Getriebeeingang und ermöglicht so das Abkuppeln des Verbrennungsmotors. Es ist damit neben Boosten, Rekuperation, Lastpunktverschiebung und rein verbrennungsmotorischer Fahrt auch eine reine elektrische Fahrt möglich. Als elektrische Maschine kommt ein Permanentmagnet-Synchronmotor mit einer Leistung von 14 kW, einem maximalen Drehmomentbereich von $-90\,\text{Nm}$ bis $90\,\text{Nm}$ und einer maximalen Drehzahl von $3000\,\text{min}^{-1}$ zum Einsatz. Die Batterie besteht aus 13 seriellen und 33 parallelen Zellen mit jeweils 1,85 Ah Kapazität. Die Gesamtkapazität ergibt sich dadurch zu 61,05 Ah bzw. 2,94 kWh bei einer Spannung von 48,1 V. Die Daten des Verbrennungsmotors sind in Kapitel 4 aufgeführt. Es wird ein Fahrzeug der oberen Mittelklasse mit einem Leergewicht von 1740 kg und einem 7-Gang-Getriebe simuliert. Alle weiteren Fahrzeug- und Umgebungsdaten können in Tabelle 3.1 bzw. in den einzelnen Modulen eingesehen werden.

Es wird, wie in Abschnitt 2.4 beschrieben, eine Vorwärtssimulation mit Fahrerregler aufgebaut, welche über die Rückkopplung der Längsdynamik des Fahrzeugs ein Regelverhalten zwischen Soll- und Ist-Geschwindigkeit ermöglicht. Die Vorwärtssimulation ist modular aufgebaut, sodass jedes einzelne Modul, unter Verwendung der jeweils notwendigen Eingangsgrößen, ausgetauscht werden kann. So kann beispielsweise ein Kennfeldmodell mit einem genaueren physikalischen Modell ersetzt werden.

© Der/die Autor(en), exklusiv lizenziert an
Springer Fachmedien Wiesbaden GmbH, ein Teil von Springer Nature 2023
J. M. Klingenstein, *Potentialanalyse zum Einsatz teilhomogener Verbrennung
im elektrifizierten Antriebsstrang*, Wissenschaftliche Reihe Fahrzeugtechnik
Universität Stuttgart, https://doi.org/10.1007/978-3-658-40961-6_3

Tabelle 3.1: Fahrzeug- und Umgebungsdaten des simulierten Fahrzeugkonzepts

Fahrzeug		
Größe	Wert	Einheit
Masse Fahrzeug	1740	kg
Masse Passagier	80	kg
Luftwiderstandsbeiwert c_W	0,27	–
Stirnfläche	2,2	m^2
Radius Rad	0,3175	m
Übersetzung 1.-7. Gang	4,38-2,86-1,92-1,37-1-0,82-0,73	–
Wirkungsgrad Getriebe	0,9	%
Übersetzung Differential	2,47	–
Wirkungsgrad Differential	0,97	%
Massefaktor	1,1	–
Umgebung		
Größe	Wert	Einheit
Luftdichte	1,2	$kg\,m^{-3}$
Gravitationskonstante	9,81	$m\,s^{-2}$
Rollwiderstandsbeiwert (Autoreifen auf Asphalt)	0,015	–
Haftreibungskoeffizent (Autoreifen auf Asphalt)	0,6	–

Das Ergebnis der Simulation ist das Verhalten des Fahrzeugs über den gegebenen Fahrzyklus anhand eines fiktiven Fahrers, in Form eines Fahrerreglers,
der dem Zyklus folgt. Dabei wird neben dem gewählten Gang, dem Ladezustand, der elektrischen Leistung, dem Verbrauch, den Betriebsmodi des Hybrids
(Boosten, Rekuperation, etc.), vor allem das Drehmoment und die Drehzahl
des Verbrennungsmotors berechnet. Diese beiden Größen werden dann direkt
von der Simulation in die Prüfstandssoftware eingearbeitet, sodass der verbrennungsmotorische Teil des Hybridkonzepts real am Prüfstand ausgewertet
werden kann (siehe dazu Kapitel 5).

Im Folgenden wird zunächst Einblick auf das Temperaturmodell gegeben, mit
dem der elektrische Energieverbrauch des beheizten Katalysators abgeschätzt
werden kann. Dannach werden die Gesamtstruktur der Hybridantriebsstrangsimulation sowie deren einzelner Module erläutert. Aufgrund der zentralen Bedeutung des Moduls „Phlegmatisierung" wird auf dieses nochmal im Abschnitt
3.3.5 tiefer eingegangen und deren Funktionsweise erklärt. Schlussendlich
wird auf die Simulationsergebnisse am WLTC und einem RDE-konformen
Fahrzyklus eingegangen.

3.2 Empirische Modellierung der Abgastemperatur

Durch die teilhomogenen Betriebspunkte können zwar die Ruß und NOx Emissionen reduziert werden, jedoch steigen die CO und THC Emissionen an [46].
Der Anstieg der genannten Emissionen resultiert aus dem modifizierten Brennverfahren. Zur Reduzierung der ansteigenden Rohemissionen wird deshalb ein
Dieseloxidationskatalysator benötigt. Da bei dem applizierten Brennverfahren
hohe Abgasrückführungsraten von Nöten sind, sinken aufgrund des Inertgasan-
teils die Verbrennungstemperaturen ab [35]. Dieser Effekt der absinkenden
Gas- und auch Motortemperatur wird durch die Hybridisierung noch weiter
verstärkt, auch wenn diese im allgemeineren zu niedrigeren Emissionswerten
führt. Damit der Katalysator die entstehenden Emissionen optimal konvertieren
kann, ist ein möglichst langer Betrieb oberhalb der light-off Temperatur unumgänglich. Da der Leistungsverbrauch des elektrisch beheizten Katalysators
für die State-of-Charge Berechnung der Batterie benötigt wird, muss die Tem-

peratur des Abgases durch ein Temperaturmodell bestimmt werden, mit dem die benötigten Zeiten der Bestromung des Katalysators abgeschätzt werden können. Viele normal eingesetzte Temperaturmodelle stützen sich dabei auf eine 0D/1D-Simulation, oder Finite-Elemente Berechnungen, welche die chemischen Reaktionsprozesse im Katalysator berücksichtigen [11]. Im vorliegenden Fall führen jedoch 0D/1D-Simulationen eines WLTCs mittels GT-Power zu Berechnungszeiten oberhalb von 48 Stunden. Eine Finite-Elemente-Berechnung würde aufgrund des hohen Komplexitätsgrades noch höhere Berechnungszeiten aufweisen [28]. Durch die hohen Berechnungszeiten können beide Ansätze für eine Echtzeitanwendung auf einem Steuergerät ausgeschlossen werden.

Um die Echtzeitfähigkeit des Temperaturmodells gewährleisten zu können, wird ein rein empirisches Temperaturmodell erzeugt, welches auf einem Verzögerungsglied erster Ordnung und Kennfeldern basiert. Durch den simplen Aufbau des Modells wird eine geringe Rechenzeit sichergestellt, womit die Betriebsstrategie in Echtzeit auf die vorliegenden Abgastemperaturen reagieren kann. Aufgrund dessen kann eine möglichst große Betriebszeit oberhalb der light-off Temperatur sichergestellt werden. Die Messungen der benötigten Kennfelder und die Verifizierung der Ergebnisse werden auf dem vorliegenden Versuchsmotor durchgeführt.

3.2.1 Modellbildung

Wie man in Abbildung 3.1 erkennen kann, ähnelt der Temperaturverlauf des Katalysators, bei Betrieb des Versuchsmotors in einem konstanten Lastpunkt, einer beschränkten Wachstumsfunktion. Durch Untersuchung verschiedener anderer Betriebspunkte zeigt sich, dass die Aufheizkurven des Katalysators alle ähnliche Verläufe aufweisen. Eine Annäherung der Aufheizvorgänge durch eine Exponentialfunktion mit negativem Exponenten erscheint also logisch.

Abbildung 3.1 zeigt den Temperaturverlauf bei einem Lastsprung vom Leerlauf auf $1000\,\mathrm{min^{-1}}$ und $50\,\mathrm{Nm}$. Die Temperaturmessung wird dabei so lange durchgeführt, bis der Gradient der Temperatur ausreichend klein wird, so dass eine weitere Auswertung nicht nötig ist. Die Temperaturveränderung des Katalysators resultiert hauptsächlich durch einen Energieaustausch zwischen der Abgasströmung und dem Katalysator. Im erzeugten Modell kann diese Tempe-

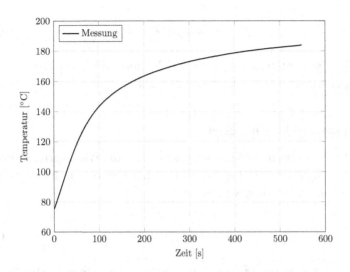

Abbildung 3.1: Aufheizvorgang bei $1000\,\mathrm{min}^{-1}$ und $50\,\mathrm{Nm}$

raturkurve nur durch die bekannten Größen, also Drehzahl und Drehmoment, abgebildet werden. Um die Herleitung der Temperaturgleichung verifizieren zu können, werden kurz die physikalischen Grundlagen erläutert.

Erstes Gesetz der Thermodynamik

Die Veränderung der Katalysatortemperatur kann durch das erste Gesetz der Thermodynamik beschrieben werden.

$$dU = \delta Q + \delta W. \qquad \text{Gl. 3.1}$$

dU entspricht dabei der Veränderung der inneren Energie in Abhängigkeit der verrichteten Arbeit δW und der zu- oder abgeführten Wärme δQ. Da im vorliegenden Fall keine Arbeit am Katalysator verrichtet wird, kann die vorliegende Gleichung weiter vereinfacht werden.

$$dU = m \cdot c_p \cdot \Delta T = \delta Q. \hspace{2cm} \text{Gl. 3.2}$$

Wobei m dabei der Gesamtmasse des Katalysators, welcher erhitzt wird und c_p seiner spezifischen Wärmekapazität entspricht.

Newton'sches Abkühlungsgesetz

Durch das Newtonsche Abkühlungsgesetz, kann die Wandwärmestromdichte $\dot{q}_W$ in Abhängigkeit des Wandwärmekoeffizienten α und der vorliegenden Temperaturen beschrieben werden.

$$\dot{q}_W = \alpha \cdot (T_\infty - T_K) \hspace{2cm} \text{Gl. 3.3}$$

Die Katalysatortemperatur T_K nähert sich dabei der Endtemperatur T_∞ an. Da die Wärme an der wärmeaustauschenden Körperoberfläche A stattfindet, gilt:

$$\dot{Q} = \dot{q} \cdot A = \alpha \cdot A \cdot (T_\infty - T_K) \hspace{2cm} \text{Gl. 3.4}$$

Zeitdiskrete empirische Temperaturfunktion

Da, wie oben beschrieben, der Energieaustausch zwischen der Strömung und der Wand durch eine Wärmeübertragung stattfindet, und sich die Temperatur des Katalysators der Strömungstemperatur annähert, können Gl. 3.2 und Gl. 3.4 gleichgesetzt werden. Der Katalysator wird zwar mit zeitlich veränderbarer Temperatur abgebildet, jedoch frei von Temperaturgradienten im Katalysator selbst modelliert. Der Katalysator erfüllt durch die Vereinfachungen die Kriterien eines „Ideal gerührten Behälters", weshalb die Energiebilanz für den ganzen Körper aufgestellt werden kann [35].

$$m \cdot c_p \frac{dT(t)}{dt} = \alpha \cdot A \cdot (T_\infty - T(t)). \hspace{2cm} \text{Gl. 3.5}$$

Die entstehende Differentialgleichung kann durch Separation der Variablen gelöst werden.

$$\frac{dT(t)}{T_\infty - T(t)} = \frac{\alpha \cdot A}{m \cdot c_p} dt \qquad \text{Gl. 3.6}$$

$$-\ln(T_\infty - T(t)) = \frac{\alpha \cdot A}{m \cdot c_p} t + C_1 \qquad \text{Gl. 3.7}$$

$$T_\infty - T(t) = e^{-\frac{\alpha \cdot A}{m \cdot c_p} \cdot t} \cdot C_2. \qquad \text{Gl. 3.8}$$

C_i entspricht den dabei entstehenden Integrationskonstanten, welche durch Umformung verschieden Größen annehmen können, aber immer einen skalaren Wert annehmen. Durch das gestellte Anfangswertproblem:

$$T(0) = T_0 \qquad \text{Gl. 3.9}$$

Kann die Integrationskonstante C_2 bestimmt werden.

$$T_\infty - T(0) = C_2. \qquad \text{Gl. 3.10}$$

Dadurch ist eine endgültige Darstellung der Katalysatortemperatur in zeitdiskreter Form möglich:

$$T(t) = T_\infty - (T_\infty - T(0)) \cdot e^{-\frac{\alpha \cdot A}{m \cdot c_p} \cdot t} \qquad \text{Gl. 3.11}$$

Der Wandwärmeübergangskoeffizient α fordert einen hohen simulativen Berechnungsaufwand, weshalb der komplette Exponent der Exponentialfunktion, und die Endtemperatur T_∞ am Prüfstand bestimmt werden. Das dadurch entstehende Kennfeld minimiert den Komplexitätsgrad erheblich.

$$T(t) = T_\infty - (T_\infty - T(0)) \cdot e^{-k \cdot t} \qquad \text{Gl. 3.12}$$

Die Approximation erfolgt durch die Modellierung einer beschränkten Wachstumsfunktion, welche nach messen der Endtemperatur T_∞, über den Wachstumsfaktor k weiter angepasst werden kann.

Zeitschrittdiskrete Temperaturfunktion

Da für die Hybridsimulation im vorliegenden Beispiel ein fester Zeitschritt definiert ist, muss die Berechnung der Abgastemperatur zeitunabhängig, aber in Abhängigkeit der Katalysatortemperatur des vorherigen Zeitschritts berechnet werden. Die Exponentialfunktion kann, aufgrund des festen Zeitschritts, durch eine Konstante ersetzt werden:

$$T_{n+1} = T_{\infty_k} - \left(T_{\infty_k} - T_n\right) \cdot \beta_k \qquad \text{Gl. 3.13}$$

T_n entspricht dabei der aktuellen Temperatur, und T_{n+1} der Temperatur des nächsten Zeitschritts.

Durch die Anpassung sinkt der Berechnungsaufwand weiter ab, was eine echtzeitfähige Berechnung der Katalysatortemperatur weiter vereinfacht. Außerdem ist der schnelle Wechsel zwischen verschiedenen Betriebspunkten durch den einfachen Austausch der Funktionskonstanten T_∞ und β_k möglich.

3.2.2 Experimentelle Applikation

Ein optimal funktionierendes Modell kann nur durch verschiedene Applikationsmessungen sichergestellt werden. Um die charakteristischen Werte k und T_∞ experimentell bestimmen zu können, werden deshalb unterschiedliche Lastsprünge am Prüfstand durchgeführt und die jeweiligen Temperaturverläufe aufgezeichnet. Der Motoraufbau mit der Temperaturmessstelle nach Katalysator ist in Abbildung 3.2 dargestellt. Nach jedem eingeleiteten Lastsprung wird der Versuchsmotor solange stationär betrieben, bis, wie oben erläutert, keine bzw. nur eine geringe Veränderung in der Endtemperatur T_∞ festzustellen ist. Zuerst wird dafür aus dem Leerlauf ein Lastsprung auf einen höheres Drehzahl- und Drehmomentniveau durchgeführt. Nachdem die Endtemperatur keine große Veränderung mehr aufweist, wird der entgegengesetzte Lastsprung auf den Leerlaufpunkt durchgeführt. Der Leerlaufbetrieb wird auch hier so lange betrieben, bis sich die neue Endtemperatur nach der Abkühlung eingestellt hat. Die Temperatur nach Katalysator wird dabei mit einem Thermoelement Typ K (Dicke 1,5 mm) aufgezeichnet. Dieses Vorgehen wird für zahlreiche Lastsprünge im Bereich von $850 \, \text{min}^{-1}$ - $2400 \, \text{min}^{-1}$ und $15 \, \text{Nm}$ - $200 \, \text{Nm}$ wiederholt.

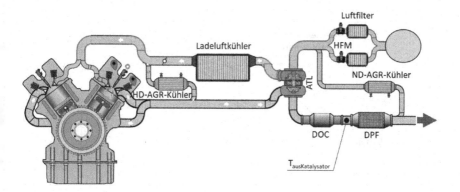

Abbildung 3.2: Motorschema mit eingezeichneter Messstelle direkt hinter dem Katalysator

Die aufgezeichneten Temperaturverläufe werden dann mittels eines Kurvenfittings, mathematisch approximiert und der jeweilige k-Wert der beschränkten Wachstumsfunktion bestimmt. Die Berechnung des k-Werts erfolgt durch einfach Umstellung der Wachstumsfunktion nach k.

$$k_n = -\ln\left(\frac{T_\infty - T_{\text{measure},n}}{T_\infty - T_{\text{start}}}\right) \cdot \frac{1}{n} \qquad \text{Gl. 3.14}$$

Das zum Betriebspunkt passende k wird dann aus der Mittelung aller berechneten k_n Werte bestimmt.

$$k = \overline{k_n} = \frac{1}{n} \sum_{i=1}^{n} k_n \qquad \text{Gl. 3.15}$$

Danach werden die jeweiligen Werte k und T_∞ im jeweiligen Kennfeld gespeichert. Abbildung 3.3 zeigt beispielhaft den Vergleich der Temperatur nach Katalysator zwischen Messung und der approximierten Kurve bei einem Betriebspunkt von $1000\,\text{min}^{-1}$ and $50\,\text{Nm}$. Der berechnete Wachstumsfaktor liegt bei $k = 0.0084$ und die Endtemperatur bei $T_\infty = 184\,°\text{C}$. Es ist deutlich zu erkennen, dass das Kurvenfitting durch die beschränkte Wachstumsfunktion die tatsächliche Temperatur mit hoher Güte abbildet.

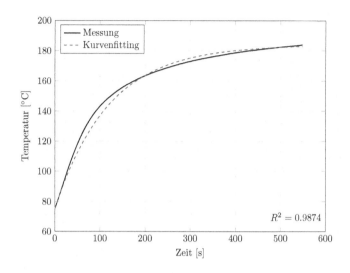

Abbildung 3.3: Gemessener Temperaturverlauf bei einem Lastsprung auf
$1000\,\mathrm{min}^{-1}$ und 50 Nm im Vergleich zum approximierten
Temperaturverlauf

Abbildung 3.4 zeigt den Vergleich bei einem Betriebspunkt von $1500\,\mathrm{min}^{-1}$
und 70 Nm. Bei diesem Betriebspunkt steigt die Temperatur so stark an, dass
die Light-Off Temperatur des Katalysators erreicht wird. Diesen Effekt kann
man bei der gemessenen Temperatur anhand des starken Temperaturanstiegs
zwischen 50 s und 175 s feststellen. Der Anstieg ist durch die ablaufenden chemischen Reaktionen im Katalysator bestimmt und kann von dem hier gewählten
Ansatz nicht berücksichtigt werden. Das Kurvenfitting ist hier so gewählt, dass
die Endtemperatur und der Verlauf nach Light-Off eine hohe Übereinstimmung
vorweisen. Der berechnete Wachstumsfaktor liegt bei $k = 0.0144$ und die Endtemperatur bei $T_\infty = 305\,°\mathrm{C}$. Trotz der Vernachlässigung des Light-Off-Effektes
kann eine hohe Übereinstimmung zwischen Messung Kurvenfitting erreicht
werden.

Eine Auswertung der Abkühlkurven zeigt, dass der bestimmte Wachstumsfaktor
k in etwa dem Wert der jeweiligen Aufheizkurve entspricht. In Abbildung
3.5 ist der Vergleich zwischen dem gemessenen Temperaturverlauf und den

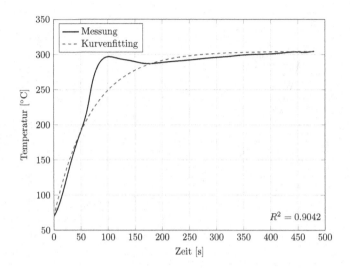

Abbildung 3.4: Gemessener Temperaturverlauf bei einem Lastsprung auf $1500\,\text{min}^{-1}$ und $70\,\text{Nm}$ im Vergleich zum approximierten Temperaturverlauf

zwei approximierten Temperaturverläufen dargestellt, wobei die angenäherten Verläufe einmal mit einem aus der Abkühlung bestimmten k und einmal mit einem aus der Aufheizung bestimmten k berechnet werden. Die Endtemperatur liegt bei $T_\infty = 127\,°\text{C}$, wobei das aus der Abkühlung bestimmte $k = 0.0091$ sich nur marginal von dem aus der Aufheizung bestimmten $k = 0.0084$ entscheidet.

Beide berechneten Kurven zeigen eine hohe Übereinstimmung mit dem gemessenen Temperaturverlauf. Aus Gl. 3.12 ist ersichtlich, das der Wachstumsfaktor k wie folgt beschrieben werden kann:

$$k = \frac{\alpha \cdot A}{m \cdot c_p} \qquad \text{Gl. 3.16}$$

Die Masse m, die Wärmekapazität c_p sowie die Fläche A bleiben annähernd konstant. Daraus folgt, dass k hauptsächlich vom Wärmeübergangskoeffizienten α abhängt. Dieser wiederum ist in erster Linie abhängig von der im Katalysa-

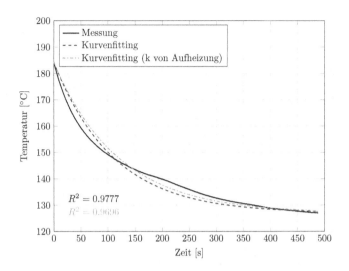

Abbildung 3.5: Gemessener Temperaturverlauf bei einem Lastsprung von $1000 \, \text{min}^{-1}$ und $50 \, \text{Nm}$ auf Leerlaufbetrieb ($850 \, \text{min}^{-1}$) im Vergleich zu den approximierten Temperaturkurven

tor ausgebildeten Strömung und dadurch von dem gewählten Betriebspunkt. Dementsprechend unterscheidet sich k nur in geringem Maße zwischen Aufheizung und Abkühlung. Zur Vereinfachung des Ansatzes wird daher für die Aufheizung und die Abkühlung der selbe k Wert verwendet.

Durch eine Bestimmung aller Wachstumsfaktoren k sowie den Endtemperaturen T_∞ aus den verschiedenen Lastsprüngen, können die bereits erwähnten Kennfelder über Drehmoment und Drehzahl erzeugt werden. Diese Kennfelder bilden eine Kurvenschar ab, wobei zwischen den einzel definierten Kurven gewechselt werden kann, wenn sich der Betriebspunkt ändert. In einem Zyklus kann also ausgehend von der Starttemperatur, die Temperatur nach Katalysator lediglich anhand des Drehmoments und der Drehzahl berechnet werden, in dem bei jedem Betriebspunktwechsel auf die jeweilige approximierte Kurve gewechselt wird. Ob eine Abkühlung oder eine Aufheizung vorliegt, wird festgestellt, indem die jeweilige Endtemperatur des aktuellen und nächsten Betriebspunktes verglichen wird. Liegt T_∞ des nächsten Betriebspunktes über der

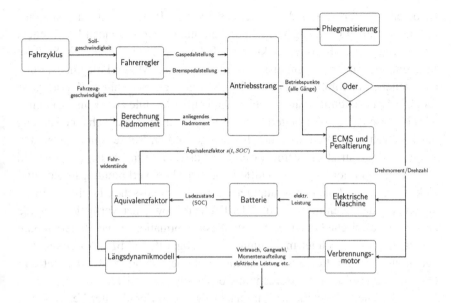

Abbildung 3.6: Gesamtstruktur der Hybridantriebsstrangsimulation

aktuellen Temperatur, so handelt es sich um eine Aufheizung. Befindet sich T_∞ unterhalb der aktuellen Temperatur, liegt eine Abkühlung vor. Die Auswertung und Überprüfung der Robustheit des Modells an kompletten Fahrzyklen wird in Abschnitt 5.1.2 genauer besprochen.

3.3 Simulationsaufbau

3.3.1 Gesamtstruktur

Im vorliegenden Abschnitt soll ein Überblick über das gesamte Simulations-modell gegeben werden. In Abb. 3.6 ist deshalb die gesamte Struktur der Simulation schematisch dargestellt. Ausgehend vom Fahrzyklus wird die Soll-geschwindigkeit des Fahrzeugs über der Zeit an den Fahrerregler weitergegeben. Dieser regelt anhand der Soll- und Ist-Geschwindigkeit des Fahrzeugs die Gas-und Bremspedalstellung. Der Antriebsstrang enthält Komponenten, wie das Getriebe oder Differential und verarbeitet die beiden Pedalstellungen zusammen mit der aktuellen Fahrzeuggeschwindigkeit und dem anliegenden Radmoment zu den möglichen Betriebspunkten des Fahrzeugs über alle Gänge. Soll der Verbrennungsmotor phlegmatisiert werden, wird das Modul Phlegmatisierung angesteuert, andernfalls wird das ECMS-Modul (siehe Abschnitt 2.4.4) aufgerufen. Die Entscheidung, wann welches der beiden Module zum Einsatz kommt, wird in Abschnitt 3.3.5 erläutert. Beide Module geben schließlich eine Paarung aus Drehzahl und Drehmoment, also den gewählten Betriebspunkt des Fahrzeugs, an die Antriebsmaschinen weiter. Zu diesem Zeitpunkt hat die Auswahl des Gangs und der Momentenaufteilung zwischen Verbrennungsmotor und elektrischer Maschine bereits stattgefunden. Die elektrische Maschine berechnet anhand des Drehmoments und der Drehzahl sowie der Verlustleistung die benötigte elektrische Leistung und gibt diese Information an das Batteriemodul weiter. Dieses berechnet mit Kenntnis der abgerufenen bzw. zurückgewonnenen elektrischen Leistung den aktuellen Ladezustand (SOC) der Batterie. Der Äquivalenzfaktor zur Berechnung des äquivalenten Kraftstoffverbrauchs der elektrischen Maschine wird im nachfolgenden Modul unter Verwendung des Tangensansatzes (siehe dazu Abb. 3.23) berechnet und stellt den Faktor dem Modul „ECMS und Penaltierung" zur Verfügung. Im unteren Strang wird anhand der Drehmoment/Drehzahl-Paarung der Kraftstoffverbrauch des Verbrennungsmotors berechnet. Zu diesem Zeitpunkt stehen nun alle Informationen des Fahrzeugkonzeptes zur Verfügung (welcher Gang wurde gewählt, wie ist die Momentenaufteilung, wie ist der Ladezustand der Batterie etc.) und können ausgewertet werden. Um das Regelverhalten des Fahrzeuges durch den Fahrerregler zu ermöglichen, wird nun anhand dieser Informationen die Längsdynamik des Fahrzeugs berechnet, um so die aktuelle Fahrzeuggeschwindigkeit zu ermitteln und diese an den Fahrerregler weiterzugeben. Die zur Bestimmung der Fahrzeuggeschwindigkeit notwendigen Fahrwiderstände werden auch an das Modul zur Berechnung des anliegenden Radmomentes übermittelt.

3.3.2 Modul: Fahrerregler

Mit Kenntnis der Soll-Geschwindigkeit des Fahrzeugs aus dem Fahrzyklus und der tatsächlichen Fahrzeuggeschwindigkeit, regelt der Fahrerregler die Gas- und Bremspedalstellung ein. Wie in Abb. 3.7 zu sehen, besteht der Fahrerregler aus zwei PID-Reglern (engl. proportional-integral-derivative controller), welche aus der Geschwindigkeits-Differenz Δ*v* und den drei Parametern P, I und D, die Pedalstellungen berechnen. Eine unterschiedliche Kombination der drei Parameter führt zu unterschiedlichen Fahrtypen (z.b. moderate oder aggressive Fahrweise). Ein einzelner PID-Regler ist schwer abzustimmen, um die sehr unterschiedlichen Geschwindigkeits- und Beschleunigungsanforderungen zu erfüllen. Die maximale Verzögerungskraft ist im Vergleich zur maximalen Beschleunigungskraft unterschiedlich. Durch die Anwendung von zwei separaten PID-Reglern kann die Charakteristik der Gas- und der Bremspedalstellung präziser eingestellt werden. Die Berechnung der Pedalwerte lässt sich anhand der Gl. 3.17 nachvollziehen.

$$\text{Pedalwert}(t) = P \cdot \Delta v(t) + I \cdot \int_0^t \Delta v(t)dt + D \cdot \frac{d\Delta v(t)}{dt}$$

$$\text{mit} \quad \Delta v(t) = v_{\text{Soll}}(t) - v_{\text{Fahrzeug}}(t)$$

Gl. 3.17

Bei starken Verzögerungen bzw. Beschleunigungen reagieren die PID-Regler „nicht-menschlich" weshalb den beiden Reglern noch jeweils ein Verzögerungsglied 1. Ordnung (PT1-Glied) nachgeschaltet ist. Diese sind mit einer Zeitkonstante von 0,3 s versehen, welche in etwa der menschlichen Reaktionszeit entspricht.

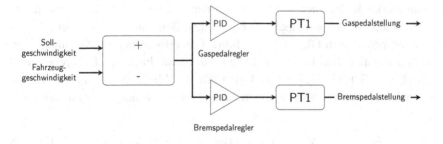

Abbildung 3.7: Modul: Fahrerregler

Abbildung 3.8: Modul: Berechnung Radmoment

3.3.3 Modul: Berechnung Radmoment

In diesem Modul findet die Berechnung des am Fahrzeug anliegenden Radmoments nach Gl. 2.62 statt, welche sich aus den zum aktuellen Zeitpunkten vorherrschenden Fahrwiderständen (berechnet vom Längsdynamikmodell) und dem Reifenradius ergibt (siehe Abb. 3.8).

3.3.4 Modul: Antriebsstrang

Im Modul Antriebsstrang werden aus den Gas- und Bremspedalstellungen, dem anliegenden Radmoment und der aktuellen Fahrzeuggeschwindigkeit die möglichen Betriebspunkte über alle Gänge in Form von Drehmoment und Drehzahl berechnet. Das Modul unterteilt sich in zwei Pfade. Im oberen Pfad wird aus der Bremspedalstellung und dem maximalen Bremsmoment das zum Zeitpunkt erforderliche Bremsmoment berechnet. Addiert mit dem aktuell anliegenden Radmoment ergibt sich das daraus erforderliche Radmoment, um die aktuelle Geschwindigkeit zu halten. Die Berechnung des erforderlichen Radmoments ist in Gl. 3.18 aufgeführt. Das erforderliche Radmoment zum Erhalt der aktuellen Geschwindigkeit wird dann durch das Differential und durch das Getriebe geführt und man erhält schließlich das für alle Gänge erforderliche Motormoment, um die aktuelle Geschwindigkeit zu halten.

$$M_{\text{Rad,Erhalt}} = M_{\text{Rad}} + p_{\text{Brems}} \cdot \left(m_{\text{Fahrzeug}} \cdot g \cdot \mu_{\text{Haftreibung}} \right) \qquad \text{Gl. 3.18}$$

Im unteren Pfad findet zunächst eine Überprüfung anhand der aktuellen Fahrzeuggeschwindigkeit statt. Liegt die Fahrzeuggeschwindigkeit unter einer vor-

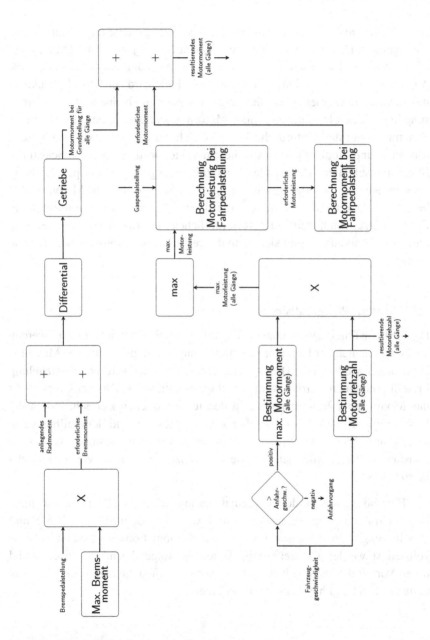

Abbildung 3.9: Modul: Antriebsstrang

her festgelegten Anfahrgeschwindigkeit, so wird ein gesteuerter Anfahrvorgang durchgeführt. Dabei wird mit einer bestimmten Paarung aus Motordrehzahl und Motormoment das Fahrzeug beschleunigt, bis das Fahrzeug schneller als die Anfahrgeschwindigkeit fährt. Für alle anderen Fälle wird zunächst das maximal mögliche Motormoment über alle Gänge, aus einer durch eine Kennfeldvermessung hinterlegten Datentabelle (max. Motormoment über Drehzahl), bestimmt. Zusammen mit der Motordrehzahl ergibt sich daraus die maximal mögliche Motorleistung für alle Gänge. Aus diesem Vektor wird im nächsten Schritt das Maximum selektiert. Dadurch lässt sich mit der angefragten Gaspedalstellung die erforderliche Motorleistung und schließlich das erforderliche Motormoment berechnen. Durch Addition des erforderlichen Motormoments zum Erhalt der Fahrzeuggeschwindigkeit und des erforderlichen Motormoments zum Beschleunigen des Fahrzeugs ergibt sich dann das resultierende Motormoment für alle Gänge.

3.3.5 Modul: Phlegmatisierung

Das erzeugte Phlegmatisierungsmodul verfolgt zwei Hauptziele. Erstens werden starke Gradienten der Drehmomentanforderung durch die elektrische Maschine abgefangen, wodurch die Druckgradientenregelung der Verbrennungsregelung im teilhomogenen Betrieb weniger oft eingreifen muss. Zweitens verschiebt das Modul mehr Betriebspunkte in den teilhomogenen Bereich, indem die E-Maschine die Differenz zwischen dem geforderten und dem teilhomogen erzeugbaren Moment aufbringt, wodurch der Verbrennungsmotor bei einem konstanten Drehmoment an der oberen Grenze des teilhomogenen Bereichs betrieben wird.

Zur Einbindung des Moduls Phlegmatisierung stehen drei Kombinationsmöglichkeiten zur Verfügung: nach, vor und parallel zu dem Modul „ECMS und Penaltierung". Um zu entscheiden, welche Kombinationsmöglichkeit am sinnvollsten ist, werden alle drei Möglichkeiten nachfolgend genauer betrachtet und deren Vor- und Nachteile bewertet. Weiterhin werden die erzeugten Untermodelle des Moduls Phlegmatisierung erläutert.

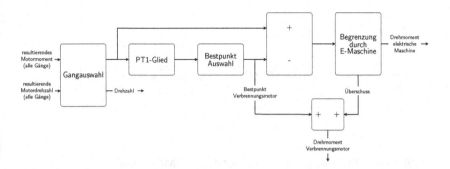

Abbildung 3.10: Modul: Phlegmatisierung

Phlegmatisierung vor der ECMS

Bindet man die Phlegmatisierung vor das ECMS-Modul ein, so muss keine Unterscheidung zwischen Phlegmatisierung und ECMS getroffen werden. Jeder Punkt in der Betriebspunktematrix wird zunächst phlegmatisiert, d.h. die Lastgradienten abgemildert. Da sich die ECMS jedoch noch frei entscheiden kann, welcher Betriebspunkt in der Matrix genommen werden soll, kommt es häufig vor, dass die ECMS in der Matrix springt. Jede Phlegmatisierung, die zuvor implementiert wurde, kann so durch die ECMS ausgehebelt werden und es treten durch zu häufige Betriebspunktewechsel erneut Lastgradienten auf. Um diese Gradienten zu vermeiden, müsste die Auswahl der ECMS, also die Betriebspunktematrix, verkleinert werden. Es wäre notwendig, Steuerungsfunktionen zu implementieren, die aus einem weitreichenden Set an Regeln bestehen und alle Grenzfälle abfangen. Die Charakteristik der mathematischen Optimierung durch die ECMS würde dadurch verloren gehen und aus der mathematischen Optimierung mit Penaltierungsfunktion würde ein regelbasiertes System entstehen. Das Regelset würde zudem nur für bestimmte Fahrsituationen angepasst sein und für jeden neuen Zyklus oder neues Fahrzeug angepasst werden. Die mathematische Optimierung hat hier den großen Vorteil, flexibel einsetzbar zu sein.

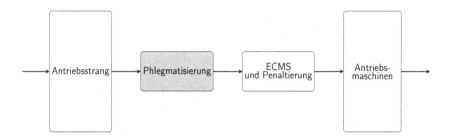

Abbildung 3.11: Phlegmatisierung vor dem ECMS-Modul

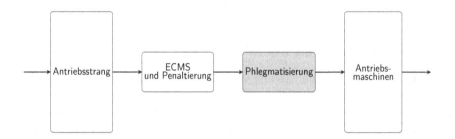

Abbildung 3.12: Phlegmatisierung nach dem ECMS-Modul

Phlegmatisierung nach der ECMS

Auch bei der Implementierung der Phlegmatisierung nach der ECMS muss keine logische Entscheidung getroffen werden, wann phlegmatisiert wird und wann mit der ECMS gefahren werden soll. Anders als die Phlegmatisierung vor der ECMS, ergibt sich zudem bei Einbindung nach dem ECMS-Modul der Vorteil, dass die Entscheidung, welcher Betriebspunkt gefahren wird, bereits gefallen ist. So findet kein „Springen" in der Matrix mehr statt und es entstehen so keine neuen Lastgradienten.

Der große Nachteil der Phlegmatisierung nach der ECMS ergibt sich aus dem Informationsfluss des Simulationsmodells. Um Lastgradienten des Verbrennungsmotors abzufangen, muss die elektrische Maschine einen Teil der Last aufnehmen, jedoch findet die Entscheidung, welcher Betriebspunkt gefahren wird, vor der Phlegmatisierung statt. Das führt zu Grenzfällen, in dem die

ECMS bspw. entschieden hat, elektrisch unterstützt zu fahren, wobei das maximale elektrische Moment genutzt wird. Tritt jetzt ein zusätzlicher Lastgradient auf, so bleibt kein elektrisches Moment mehr übrig, um den Verbrennungsmotor zu phlegmatisieren. Die Information, wann phlegmatisiert werden soll, steht erst nach der Entscheidung der ECMS zur Verfügung. Abhilfe schafft hier die Einführung eines „Puffers", der elektrisches Moment vorhält, sodass immer mit der elektrischen Maschine Lastgradienten abgefangen werden können. Die Auslegung dieses Puffers gestaltet sich allerdings als äußerst komplex. Wird der Puffer zu groß gehalten, so nutzt das Fahrzeug über weite Teile nicht das volle Potential der elektrischen Unterstützung aus. Ist der Puffer zu klein, so können viele Lastgradienten nicht abgefangen werden. Der Puffer sollte sich daher idealerweise dynamisch an die Fahrsituation anpassen. Jedoch ergibt sich hier erneut das Problem des Informationsflusses: die Informationen über den Grad der Phlegmatisierung sollte am besten vor der ECMS-Entscheidung bekannt sein, was jedoch nicht möglich ist, da die Phlegmatisierung nach der ECMS platziert wurde. Es ergibt sich ein sog. „algebraic loop", also eine Signalübertragung vom Eingang zum Ausgang in einem geschlossenen Kreis ohne Zeitverzögerung, was zu einem Simulationsabbruch führt.

Phlegmatisierung parallel zur ECMS

Durch eine Einbindung des Phlegmatisierungsmoduls parallel zum ECMS-Modul, lassen sich die Nachteile der beiden oben genannten Möglichkeiten umgehen und es wird eine optimale Phlegmatisierung des Verbrennungsmotors erreicht. Es muss weder ein dynamischer Puffer für das elektrische Moment bereitgetellt werden, noch kann ein „algebraic loop" auftreten, da der Informationsfluss klar definiert ist. Auch ein Intervenieren der ECMS wird dadurch ausgeschlossen, sodass die Phlegmatisierung nicht ausgehebelt werden kann. Es wird nach einer klaren Logik entschieden, wann phlegmatisiert und wann die ECMS genutzt wird. Die Auswertung hat gezeigt, dass sich mit dem parallelen Ansatz die besten Ergebnisse hinsichtlich des Abfangens der Lastgradienten, sowie der Verschiebung der Motorbetriebspunkte in den teilhomogenen Bereich erzielen lassen.

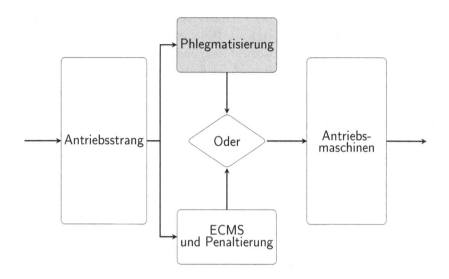

Abbildung 3.13: Phlegmatisierung parallel zum ECMS-Modul

Gangauswahl

Zunächst wird das resultierende Motormoment und die resultierende Motor-
drehzahl über alle Gänge vom Antriebsstrangmodul in die Gangauswahl des
Phlegmatisierungsmoduls geleitet. Die Gangauswahl findet nach drei simplen
Regeln statt, die in folgender Reihenfolge priorisiert werden:

Regel 1 Schließe alle Gänge aus, die durch die aktuelle Lastanforderung nicht
fahrbar sind.

Regel 2 Nimm, wenn durch Regel 1 nicht ausgeschlossen, den im letzten
Zeitschritt gefahrenen Gang.

Regel 3 Konnte durch Regel 2 nicht derselbe Gang genutzt werden, wie im
vorherigen Schritt, nimm den höchsten zur Verfügung stehenden Gang.

Regel 1 garantiert, dass kein Gang gewählt wird, der durch die Antriebsmaschinen nicht umsetzbar ist. Regel 2 führt zu möglichst wenigen Gangwechsel, was
zu geringeren Lastgradienten des Verbrennungsmotors führt, wenn der Gang
durch Regel 1 nicht ausgeschlossen wurde. Regel 3 kommt dann zum Tragen,

wenn Regel 2 nicht greifen konnte, da der Gang durch Regel 1 ausgeschlossen wurde. In diesem Fall wird der höchste Gang, der zur Verfügung steht (also nicht durch Regel 1 ausgeschlossen), ausgewählt. Dadurch wird der Motor bei einer möglichst geringen Drehzahl betrieben, was die Betriebspunkte besser in den teilhomogenen Bereich schiebt, der nur bis $2400\,\text{min}^{-1}$ appliziert ist. Die Motordrehzahl kann direkt ausgegeben werden, da diese nicht phlegmatisiert wird.

Verzögerungsglied 1. Ordnung (PT1-Element)

Das sich durch die Gangwahl ergebende Motormoment wird nun mithilfe eines Verzögerungsglied 1. Ordnung phlegmatisiert. Die zeitdiskrete Beschreibung eines PT1-Elements ergibt sich wie folgt:

$$y_n = y_{n-1} + (K \cdot u - y_{n-1}) \cdot \frac{\Delta t}{T + \Delta t} \qquad \text{Gl. 3.19}$$

Wobei y_n der aktuelle Wert und y_{n-1} der Wert im letzten Zeitschritt der Sprungantwort ist. K ist ein Verstärkungsfaktor und T die Zeitkonstante. Der Eingangswert des PT1-Gliedes ist u und Δt steht für die Zeitschrittweite. Für den Anwendungsfall der Phlegmatisierung wurde folgende Parametrierung der Gl. 3.19 gewählt:

$$M_{\text{phleg},n} = M_{\text{phleg},n-1} + (1 \cdot M - M_{\text{phleg},n-1}) \cdot \frac{\Delta t}{2 + \Delta t} \qquad \text{Gl. 3.20}$$

Charakteristisch für ein PT1-Element ist, dass die Sprungantwort den Verlauf einer e-Funktion hat, die sich dem Endwert annähert. In Abb. 3.14 ist das Beispiel eines Lastsprungs von $0\,\text{Nm}$ auf $50\,\text{Nm}$ aufgezeigt, welcher durch das Verzögerungsglied 1. Ordnung phlegmatisiert wird. Der Verbrennungsmotor gleicht sich dem Lastsprung entsprechend der e-Funktion an, wobei die elektrische Maschine die Differenz zwischen der Anforderung und dem Verbrennungsmotor ausgleicht, sodass sichergestellt ist, dass die Lastanforderung erfüllt wird.

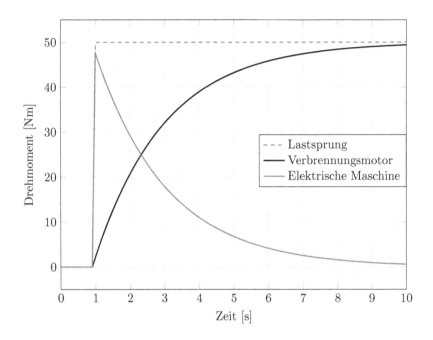

Abbildung 3.14: Beispiel der Phlegmatisierung eines Lastsprungs

Bestpunkt-Auswahl

Für den Betrieb des Verbrennungsmotors wurde ein Bestpunkt definiert: dieser befindet sich über alle Drehzahlen bei 55 Nm, da es sich noch innerhalb des teilhomogenen Bereichs, jedoch knapp unter der Grenze zum diffusiven Bereich befindet. Dadurch wird der höchstmögliche Wirkungsgrad innerhalb des pHCCI-Bereichs erreicht und der Vorteil der niedrigeren Schadstoffemissionen genutzt. Der Bestpunkt liegt weit genug von der Umschaltgrenze in den diffusiven Bereich entfernt, sodass im Betrieb kein irrtümlicher Umschaltvorgang durch kurzzeitige Lastspitzen eingeleitet wird. Die Bestpunkt-Auswahl ist mit einem sog. „Saturation"-Block umgesetzt. Alle Verbrenner-Lasten die höher sind als der Bestpunkt werden abgeschnitten und (wenn möglich) der elektrischen Maschine zugeordnet. Ist die elektrische Maschine bereits an ihrem

Momentenmaximum oder hat die Batterie zu wenig Ladung, so wird der Bestpunkt des Verbrennungsmotors verlassen, um die Lastanforderung zu erfüllen.

Momentenaufteilung zwischen Verbrennungsmotor und elektrischer Maschine

Die Momentenaufteilung zwischen Verbrennungsmotor und elektrischer Maschine findet grundsätzlich wie in Abb. 3.14 dargestellt statt. Das Drehmoment des Verbrennungsmotors wird über eine Phlegmatisierung der Lastanforderung bestimmt und die Differenz zwischen Lastanforderung und phlegmatisierten Drehmoment wird durch die elektrische Maschine abgefangen. Zusätzlich wird versucht, den Verbrennungsmotor bis maximal zum Bestpunkt zu betreiben und alles zusätzliche Drehmoment der elektrischen Maschine zuzuschreiben. Liegt die Drehmoment-Anforderung an die elektrische Maschine außerhalb ihrer Betriebsgrenzen, so wird das überschüssige Drehmoment wieder dem Verbrennungsmotor zugeordnet und er verlässt den Bestpunkt bzw. geht über die phlegmatisierte Last hinaus.

Festlegung des Motorbetriebsbereichs mit Phlegmatisierung

Die Entscheidung, ob das Modul „Phlegmatisierung" oder das Modul „ECMS und Penaltierung" angesteuert wird, entscheidet sich über den festgelegten Betriebsbereich in welchem phlegmatisiert werden soll. Dieser erstreckt sich von $850\,\mathrm{min}^{-1}$ bis $2400\,\mathrm{min}^{-1}$ und von $0\,\mathrm{Nm}$ bis $125\,\mathrm{Nm}$. Die Drehzahlgrenzen wurden anhand des applizierten pHCCI-Bereichs bestimmt, wobei die Drehmomentgrenzen anhand einer simulativen Applikation bestimmt wurden. Es wurde etwa der doppelte Drehmomentbereich im Vergleich zum teilhomogenen Bereich ausgewählt, da die elektrische Maschine den Verbrennungsmotor so über weite Teile eines Zyklus noch in den teilhomogenen Bereich schieben kann.

Liegt eine die Lastanforderung innerhalb des oben festgelegten Bereichs, so wird die Phlegmatisierung angesteuert, für alle anderen Betriebspunkte wird die ECMS angesteuert.

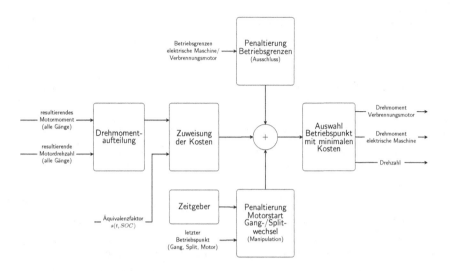

Abbildung 3.15: Modul: ECMS und Penaltierung

3.3.6 Modul: ECMS und Penaltierung

Zusätzlich zu der, im vorausgegangenen Kapitel erläuterten Betriebsstrategie, existiert noch eine weitere Möglichkeit den Antriebsstrang zu betreiben. Kann keine Phlegmatisierung stattfinden, so wird aus dem vom Antriebsstrang zur Verfügung gestellten Motormoment und der Motordrehzahl der Betriebspunkt des Fahrzeugs anhand der ECMS mit Penaltierung berechnet. Zunächst wird aus den Vektoren für das Drehmoment und die Drehzahl mit Hilfe des sog. „Split-Faktors", jeweils eine Matrix für die elektrische Maschine und den Verbrennungsmotor aufgespannt. Der Split-Faktor ist die kleinste Einheit mit welcher die Aufteilung des Drehmoments zwischen Verbrennungsmotor und elektrischer Maschine durchgeführt werden kann. Um die Funktionsweise des Split-Faktors genauer zu erläutern, ist in Abb. 3.16 ein beispielhafte Berechnung der Momenten-Matrizen bei einem Faktor von $0,5$ aufgezeigt. Die oberste Zeile in den Matrizen ist dabei der Generator-Betrieb der elektrischen Maschine/Auflasten des Verbrennungsmotors, die mittlere Zeile ist der rein verbrennungsmotorische Betrieb und die unterste Zeile ist der rein elektrische Antrieb. Die Zeilen dazwischen sind die durch den Split-Faktor aufgeteilten Momente über alle Gänge.

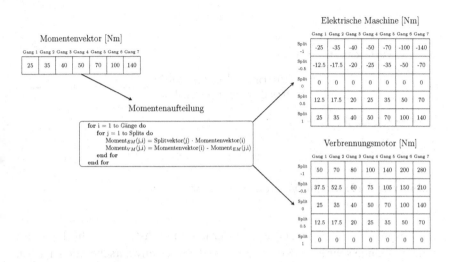

Abbildung 3.16: Beispiel für eine Momentenaufteilung im ECMS-Modul mit einem Split-Faktor von 0,5

Der Faktor ist in der tatsächlichen Simulation deutlich geringer (für diese Arbeit 0,02), um eine sehr feine Abstufung der Momentenaufteilung zu erhalten.

Die Betriebspunkte Matrizen für die elektrische Maschine und den Verbrennungsmotor werden im nächsten Schritt mit Kosten, in Form von Verbrauch, versehen. Für den Verbrennungsmotor wird dazu für jede Drehmoment-Drehzahl-Paarung im Verbrauchskennfeld der gemessene Kraftstoffverbrauch herangezogen. Für die elektrische Maschine wird die elektrische Leistung (inkl. Verlustleistung) mithilfe des Äquivalenzfaktors $s(t,SOC)$ in äquivalenten Kraftstoffverbrauch umgerechnet. Es kann somit eine Gesamtverbrauchsmatrix für alle Betriebspunkte aufgestellt werden.

Für ein realeres Fahrverhalten werden anschließend Penaltierungskosten auf die Gesamtverbrauchsmatrix addiert. Zum einen werden alle Betriebspunkte, die außerhalb der Betriebsgrenzen der beiden Antriebsmaschinen liegen, aus der Matrix entfernt. Zum anderen werden häufige Motorstarts, Gang- und Splitwechsel penaltiert. Bei Eintritt eines der drei Ereignisse werden zunächst sehr hohe Kosten auf das erneute Eintreten des jeweiligen Ereignisses addiert.

Abbildung 3.17: Modul: Verbrennungsmotor

Wird bspw. der Gang gewechselt, so werden im nächsten Zeitschritt auf alle anderen Gänge sehr hohe Kosten addiert, damit es unwahrscheinlicher wird, dass die ECMS erneut einen Gangwechsel vornimmt. Durch die Manipulation der Kosten ohne Ausschluss dieser Betriebspunkte bleibt die Möglichkeit jedoch offen, den Gang erneut zu wechseln, falls kein anderer Betriebspunkt gefunden werden kann. In der ersten Sekunde nach einem Ereignis sind die Kosten für das erneute Ereignis am höchsten. Mit jeder weiteren Sekunde sinken die Kosten linear, bis sie nach 5 s wieder auf dem Ausgangswert sind.

Aus der Gesamtverbrauchsmatrix inklusive der Penaltierungskosten wird nun der Betriebspunkt mit dem minimalen Verbrauch ausgewählt. Das Ergebnis des Moduls ist die Ausgabe des gewählten Betriebspunktes in Form von Drehmoment und Drehzahl für die beiden Antriebsmaschinen.

3.3.7 Modul: Verbrennungsmotor

Im folgenden Abschnitt wird näher auf den verbrennungsmotorischen Antrieb eingegangen. Das Modul des Verbrennungsmotors berechnet anhand des von der Phlegmatisierung bzw. ECMS ausgewählten Betriebspunktes den Kraftstoffverbrauch aus. Dazu wird das gemessene Verbrauchskennfeld in Abb. 3.18 herangezogen. Der Versuchsmotor wird in Kapitel 4 genauer erläutert. Da das teilhomogene Brennverfahren in den Vorgängerprojekten nur bis zu einer Drehzahl von 2400 min^{-1} appliziert wurde, wird auch nur dieser Drehzahlbereich genutzt. Durch die Unterstützung der elektrischen Maschine, werden

Tabelle 3.2: Wichtigste Eckdaten des Verbrennungsmotor für die Simulation

Größe	Wert	Einheit
Hubvolumen	2987	m^3
Maximales Moment	271	Nm
bei Drehzahl	2200	min^{-1}
maximale Drehzahl	2400	min^{-1}

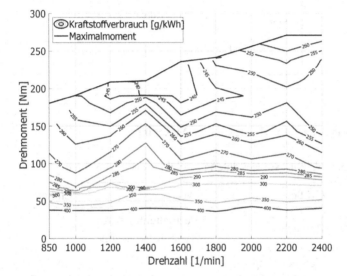

Abbildung 3.18: Verbrauchskennfeld des Verbrennungsmotors

jedoch auch keine höheren Drehzahlen für die gefahrenen Zyklen (WLTC und RDE) benötigt. Die für die Simlation wichtigsten Eckdaten sind in Tabelle 3.2 aufgeführt.

3.3.8 Modul: Elektrische Maschine

Im Modul der elektrischen Maschine wird zunächst die verlustfreie elektrische Leistung nach Gl. 3.21 berechnet. Im nächsten Schritt wird die Verlustleistung

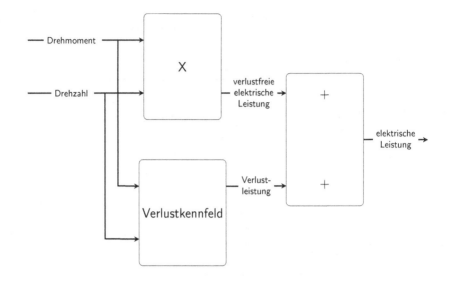

Abbildung 3.19: Modul: Elektrische Maschine

Tabelle 3.3: Wichtigste Eckdaten der elektrischen Maschine

Größe	Wert	Einheit
Bauart	Permanenterregte Synchronmaschine	-
Nennleistung	14	kW
Maximales Moment	90	Nm
maximale Drehzahl	3000	min^{-1}

der elektrischen Maschine aus einem vermessenen Verlustkennfeld ausgelesen und der verlustfreien elektrischen Leistung aufaddiert (siehe Gl. 3.22). Das Ergebnis des Moduls ist die elektrische Leistung, welche die Antriebsmaschine benötigt hat, um in dem gegebenen Betriebspunkt zu fahren.

$$P_{\text{el,verlustfrei}} = M \cdot n \cdot \frac{2 \cdot \pi}{60} \qquad \text{Gl. 3.21}$$

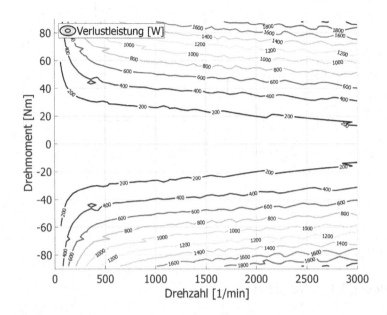

Abbildung 3.20: Verlustkennfeld der elektrischen Maschine

$$P_{el} = P_{el,verlustfrei} + P_{Verlust} \qquad \text{Gl. 3.22}$$

3.3.9 Modul: Batterie

Auch die Batterie muss in der Fahrzeugsimulation berücksichtigt werden. Die wichtigsten Kenndaten der Batterie sind in 3.4 aufgeführt. Das Batteriemodul ist die graphische Programmierung des Ersatzschaltungsmodells nach Gl. 2.70, welches in Abb. 3.21 dargestellt ist. Zunächst wird anhand der seriellen und parallelen Zellen, deren Innenwiderstände und Leerlaufspannung, sowie der verbrauchten elektrischen Leistung, der Batteriestrom berechnet. Mit Kenntnis der Zeitschrittweite und der Gesamtkapazität der Batterie, lässt sich daraus die Ladezustandsänderung (ΔSOC) berechnen. Im ersten Zeitschritt wird diese Änderung von dem Startwert des Ladezustands abgezogen und man erhält somit

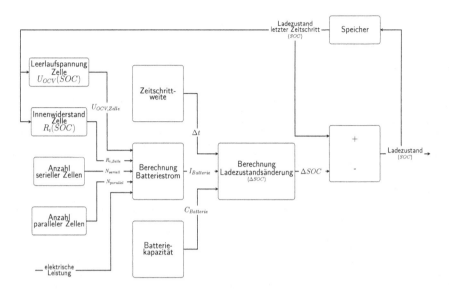

Abbildung 3.21: Modul: Batterie

den neuen Ladezustand. Für jeden Zeitschritt wird dieser Ladezustand gespeichert und im nächsten Zeitschritt der Berechnung wieder zur Verfügung gestellt. So kann für jeden Zeitschritt der aktuelle Ladezustand bestimmt und sowohl die Leerlaufspannung, als auch die Innenwiderstände ladezustandsabhängig berechnet werden.

Die Batterie wurde derart konfiguriert, dass sie neben der Gesamtspannung von 48,1 V eine so hohe Gesamtkapazität aufweist, dass innerhalb der genutzten Bandbreite des Ladezustands keine zu hohen Entlade-Raten (sog. C-Rate) auftreten. Je höher die C-Rate, desto höher steigt die Zelltemperatur und desto geringer wird die effektive Kapazität einer Zelle. Eine zu hohe C-Rate lässt eine Batterie schneller altern und kann diese zerstören. Für dieses Batteriekonzept wurde für die C-Rate ein Zielwert von 5C festgelegt.

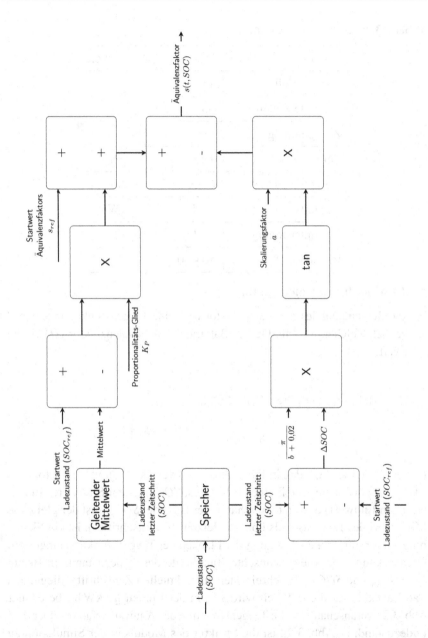

Abbildung 3.22: Modul: Äquivalenzfaktor

Tabelle 3.4: Kenndaten der Batterie

Größe	Wert	Einheit
Serielle Zellen	13	–
Parallele Zellen	33	–
Zellspannung	3,7	V
Zellkapazität	1,85	Ah
Gesamtkapazität	61,05	Ah
Gesamtkapazität	2,94	kWh
Gesamtspannung	48,1	V
Bandbreite SOC	40 - 60	%

3.3.10 Modul: Äquivalenzfaktor

Für die Berechnung des Äquivalenzfaktor wird eine Tangensfunktion nach [50] verwendet, welcher je nach SOC der Batterie den Äquivalenzfaktor $s(t)$ erhöht oder verringert.

$$
\begin{aligned}
s(t) = s_{\text{ref}} + K_p \cdot (SOC_{\text{ref}} - SOC_{\text{sma}}) \\
- a \cdot \tan\left(\frac{\pi}{b + 0,02} \cdot (SOC(t) - SOC_{\text{ref}}) \right)
\end{aligned}
\qquad \text{Gl. 3.23}
$$

Hierbei beschreibt s_{ref} den initialen Ausgangswert des Äquivalenzfaktors, K_p ist der proportionale Anteil eines P-Reglers, SOC_{ref} ist der Startwert (und somit auch Endwert) des State of Charge der Batterie, SOC_{sma} ist der gleitende Mittelwert des Ladezustands über die letzten 10 Zeitschritte, a ist ein Skalierungsfaktor mit dem die Steigung der Flanken der Tangensfunktion eingestellt werden kann, b ist die gewünschte Bandbreite des Ladezustands in Bezug auf SOC_{ref} und $SOC(t)$ beschreibt den zum aktuellen Zeitschritt anliegenden Ladezustand. Für diese Arbeit wird $s(t)$ in der Einheit [g/(kW h)] berechnet. Abb. 3.23 veranschaulicht die Tangensfunktion des Äquivalenzfaktors über dem Ladezustand. In Abb. 3.22 ist die Struktur des Moduls in der Simulation zu sehen, wobei es sich um die grafische Programmierung der Gl. 3.23 handelt.

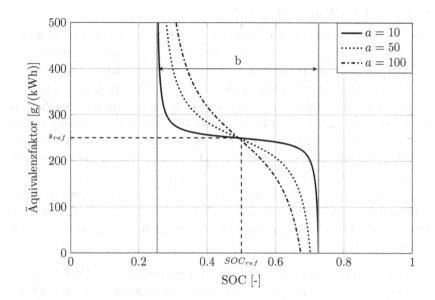

Abbildung 3.23: Ansatz zur dynamischen Bestimmung des Äquivalenzfaktors mittels einer Tangensfunktion über SOC nach [50]

Dieser Ansatz hat den Vorteil, dass er zum einen die beiden Faktoren für Entladung und Aufladung in einer gemeinsamen Funktion vereint und zum anderen eine dynamische Anpassung des Äquivalenzfaktors über die Fahrt in einem Zyklus ermöglicht. Dadurch kann der Aufwand der Suche nach dem lokalen Optimum durch DoE verringert werden, da sich der Faktor automatisch über die Dauer eines Zyklus auf einen dem Optimum sehr nahen Wert annähert. Außerdem lässt sich mit diesem Ansatz automatisch eine Bestrafung für eine Abweichung vom initialen SOC einführen - hat die Batterie eine hohe Ladung, so wird der Äquivalenzfaktor „günstiger" und die ECMS nimmt wahrscheinlicher einen Betriebspunkt, in welchem das HEV die Batterie wieder entladen wird. Genauso wird der Äquivalenzfaktor „teurer", wenn die Batterie eine geringe Ladung hat und das HEV wird versuchen aufzulasten, um diese wieder aufzuladen.

3.3.11 Modul: Längsdynamikmodell

Um die am Fahrzeug anliegenden Kräfte zu berechnen wird ein sogenanntes Längsdynamikmodell benötigt. Die Aufgabe des Längsdynamikmodells ist es, aus dem gewählten Betriebspunkt des Fahrzeugs die Fahrwiderstände und die aktuelle Fahrzeuggeschwindigkeit zu berechnen. Zunächst wird anhand des aktuellen und des letzten Gangs geprüft, ob ein Gangwechsel stattgefunden hat. Ist das der Fall, so wird ein gesteuerter Kupplungsvorgang eingeleitet, bei welchem sich das Drehmoment nach der Kupplung, unter Zuhilfenahme eines Verzögerungsglied 1. Ordnung, dem Drehmoment des neuen Gangs über die Dauer des Kupplungsvorgangs angleicht. Mit Kenntnis des Drehmoments nach Kupplung und dem aktuellen Gang, wird dann über das Getriebe und das Differential das an den Rädern anliegende Drehmoment berechnet. Mit Hilfe der Gl. 2.62 wird aus dem Radmoment und dem Reifenradius schließlich die Traktionskraft bestimmt.

Im unteren Pfad des Moduls werden anhand der Fahrzeug- und Umgebungsdaten (siehe Tabelle 3.1) die Roll- und Luftwiderstandskraft berechnet und zur Fahrwiderstandskraft addiert. Aus Addition der Fahrwiderstandskraft (welche auch zum „Modul: Berechnung Radmoment" geleitet wird) und der Traktionskraft ergibt sich die resultierende Kraft am Fahrzeug. Aus dieser wird mit dem Massefaktor und der Fahrzeugmasse (inkl. Fahrer) der Beschleunigungswiderstand berechnet und somit auch die aktuelle Fahrzeugbeschleunigung. Durch Integration der Fahrzeugbeschleunigung erhält man die aktuelle Fahrzeuggeschwindigkeit, die zum einen zur Berechnung des Luftwiderstandes weitergeleitet wird, zum anderen auch an den Fahrerregler.

3.4 Simulationsergebnisse

Die simulative Untersuchung umfasst zwei Hauptmaßnahmen. Der partiell teilhomogenen Dieselmotor wird durch Einsatz einer 48V-E-Maschine hybridisiert. Zur Kraftstoffminimierung wird dafür eine ECMS-Betriebsstrategie eingesetzt. Die zusätzlichen Anforderungen an die Drehmomentgradienten werden durch eine zweite, zur ECMS parallel applizierte, Betriebsstrategie berücksichtigt. Diese Phlegmatisierung zielt dabei nicht auf einen optimalen

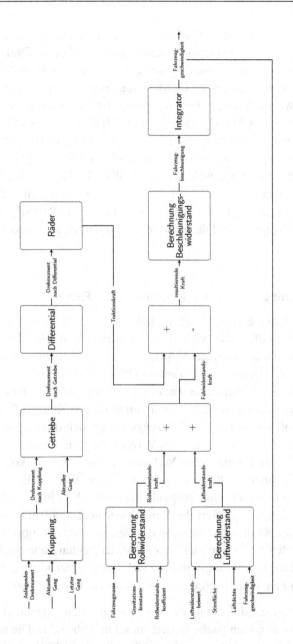

Abbildung 3.24: Modul: Längsdynamikmodell

Kraftstoffverbrauch, sondern auf eine optimierte teilhomogene Verbrennung ab. Zur Bewertung der applizierten Maßnahmen wird deren Einfluss an einem Worldwide harmonized Light-duty vehicle Test Cycle untersucht. Dafür wird zunächst das konventionelle pHCCI-Fahrzeug mit einem reinen ECMS-Hybrid verglichen, wodurch der Einfluss der reinen Hybridisierung untersucht wird. Danach wird der ECMS-Hybrid mit einem Hybridfahrzeug mit zusätzlicher Phlegmatisierung untersucht, wodurch die Auswirkungen der Phlegmatisierung deutlich werden. Zuletzt wird auch das konventionelle pHCCI-Fahrzeug mit dem Hybridfahrzeug, welches sowohl über die ECMS als auch über die Phlegmatisierung verfügt, verglichen, wodurch die absoluten Veränderungen verdeutlicht werden. Da die Untersuchungen an einem RDE-Zyklus ähnliche Ergebnisse aufzeigen, sind diese hier nicht explizit erläutert, aber im Anhang A.1 abgebildet.

3.4.1 HEV mit ECMS versus Konventionelles Fahrzeug

Vor allem in dem niedrigen Geschwindigkeitsbereich des WLTC von 0 s - 600 s können im Hybridfahrzeug viele der Betriebspunkte mit der elektrischen Maschine gefahren werden (siehe Abb. 3.25). Das verdeutlicht auch der sinkende Ladezustand der Batterie in den ersten 600 s. In Abb. 3.32(a) wird deutlich, dass die meisten Anfahrpunkte (Drehzahl $< 850\,min^{-1}$) durch die elektrische Maschine abgebildet werden, was zum Vorteil für den Kraftstoffverbrauch und den Schadstoffemissionen des Fahrzeugs ist, da sich diese Punkte in einem besonders ineffizienten Bereich des Verbrennerkennfeldes befinden. Weiterhin sind die Betriebspunkte des Verbrennungsmotors beim konventionellen Fahrzeug breit über das Kennfeld gestreut. Beim HEV mit ECMS hingegen, konzentrieren sich viele Betriebspunkte im Bereich $1250\,min^{-1}$ - $1750\,min^{-1}$ und 80 Nm - 200 Nm, da dort der Bereich der höchsten Effizienz und damit des niedrigsten Kraftstoffverbrauchs des Verbrennungsmotors ist (vergleiche Abb. 3.18). Betrachtet man die Gangwahl der beiden Fahrzeugkonzepte in Abb. 3.26 wird deutlich, dass durch die elektrische Unterstützung das HEV mit ECMS meist einen niedrigeren Gang wählt als das konventionelle Fahrzeug.

Um den Ladezustand der Batterie wieder aufzufüllen, werden ab 600 s viele Auflastpunkte gefahren (siehe Betriebsmodi in Abb. 3.26). Die rein verbrennungsmotorische Fahrt wird über den größten Teil des WLTC vermieden. Ledig-

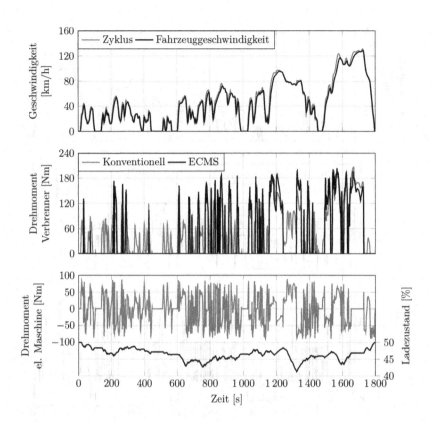

Abbildung 3.25: Vergleich der Simulationsergebnisse zwischen konventionellem Fahrzeug und HEV mit reiner ECMS

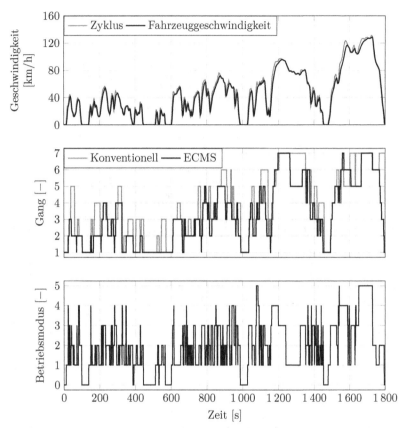

0: Stand 1: Elektrische Fahrt 2: Rekuperation 3: Auflasten 4: Boosten
5: Verbrennungsmotorische Fahrt

Abbildung 3.26: Vergleich der Simulationsergebnisse zwischen konventionellem Fahrzeug und HEV mit reiner ECMS

lich bei sehr starken Beschleunigungen bzw. im hohen Geschwindigkeitsbereich am Ende des Zyklus fährt das Hybridfahrzeug nur mit dem Verbrennungsmotor. Der Anteil der rein verbrennungsmotorischen Fahrt beläuft sich auf 4,82 %, wobei die elektrische Fahrt einen Anteil von 32 % hat. Der Anteil der Fahrt mit beiden Antriebsmaschinen (Boosten) beträgt 7,58 % und konzentriert sich hauptsächlich auf zwei Beschleunigungsphasen bei etwa 1200 s und 1600 s. Der Ausgleich des Ladezustands auf den Anfangswert von 50 % erfolgt im Verlauf des Zyklus über die Betriebsmodi Auflasten, mit einem Anteil von 21,27 % und Rekuperation, mit einem Anteil von 21,73 %, welche die Energie wieder zurückgewinnen bzw. aus der Kraftstoffenergie umwandeln.

Durch die reine Hybridisierung mit einer 14 kW starken elektrischen Maschine kann zwar der Verbrennungsmotor deutlich entlastet werden, die meisten Betriebspunkte befinden sich aber nicht in dem teilhomogenen Bereich ($0\,\mathrm{min}^{-1}$ - $2400\,\mathrm{min}^{-1}$ und $0\,\mathrm{Nm}$ - $60\,\mathrm{Nm}$), sondern im wirkungsgradoptimalsten Bereich ($1250\,\mathrm{min}^{-1}$ - $1750\,\mathrm{min}^{-1}$ und $80\,\mathrm{Nm}$ - $200\,\mathrm{Nm}$), was auf den Einsatz einer reinen ECMS mit kraftstoffverbrauchsoptimaler Parametrierung zurückzuführen ist. Für eine optimale Auslegung hinsichtlich Schadstoffemissionen wird daher eine zusätzliche Phlegmatisierung eingeführt.

3.4.2 HEV mit ECMS versus HEV mit Phlegmatisierung

Um einen Vergleich zwischen den verschiedenen Betriebsstrategien zu geben, wird im folgenden Kapitel genauer auf die Simulationsergebnisse des phlegmatisierten Fahrzeugs eingegangen. Beim Vergleich zwischen dem Hybridfahrzeug mit einer reinen ECMS und dem Hybridfahrzeug mit einer Kombination aus ECMS und Phlegmatisierung wird deutlich, dass durch die Phlegmatisierung die Drehzahl der Antriebsmaschinen angehoben und das Drehmoment des Verbrennungsmotors dafür abgesenkt wird (siehe Abb. 3.27). Über weite Teile des Zyklus, bleibt der Verbrennungsmotor auf dem Bestpunkt von 55 Nm bzw. darunter. Vor allem in den ersten 600 s (Low-Abschnitt des Zyklus), in welchem die Lastanforderung noch niedrig ist, wird die Phlegmatisierung oft angesteuert. So verlässt der Verbrennungsmotor in diesem Teil des Zyklus lediglich an einer Stelle den teilhomogenen Bereich (bei etwa 300 s), da die Beschleunigung nicht gänzlich von der elektrischen Maschine abgefangen werden kann. Im Medium-Abschnitt des WLTC (etwa 600 s - 1000 s) können immer noch große Teile phlegmatisiert gefahren werden und lediglich bei einigen wenigen Beschleunigung wird der teilhomogene Betrieb verlassen. In den stark transienten High- und Extra-High-Abschnitten des WLTC wird nur noch selten die Phlegmatisierung angesteuert und somit der teilhomogene Betrieb oft verlassen. Die Lastanforderung durch die hohen Geschwindigkeiten und starken Beschleunigungen ist für die elektrische Maschine zu hoch, um den Verbrenner auf bzw. unter den Bestpunkt zu schieben. Im moderaten Geschwindigkeits-Bereich 1200 s - 1400 s gelingt das der elektrischen Maschine noch gut, was sich auch im stark sinkenden Ladezustand äußert. Ab etwa 1500 s beginnt der stark transiente Extra-High-Bereich des WLTC. Die Kombination aus hoher Beschleunigung, hoher Geschwindigkeit und niedrigem Ladezustand führt dazu, dass die ECMS statt der Phlegmatisierung angesteuert wird und diese sich hauptsächlich für Auflastbetriebspunkte des Verbrennungsmotors entscheidet, um den Ladezustand der Batterie wieder auf den Ausgangswert von 50 % zu bringen. Die letzte Bremsung im WLTC nutzt das Hybridfahrzeug, um den Ladezustand durch Rekuperation wieder aufzufüllen.

Beim Vergleich der Gangwahl der beiden Optimierungsalgorithmen wird deutlich, dass bei der Phlegmatisierung/ECMS eher niedrigere Gänge gewählt werden als bei der reinen ECMS. Dadurch kann bei der Phlegmatisierung eine höhere Drehzahl bei niedrigerem Moment gefahren werden (siehe 3.29) um die Lastanforderungen abzubilden. Das kommt dem Verbrennungsmotor zugute, da dieser dadurch öfters in den teilhomogenen Bereich fährt, welcher Momenten-begrenzt ist. Das Drehmoment der elektrischen Maschine ist bei der Phlegmatisierung deutlich transienter als bei der reinen ECMS, da sie bei vielen Lastanforderungen den Verbrennungsmotor unterstützen muss. Wird bei der ECMS von Anfang an viel mit der elektrischen Maschine gefahren, so findet man nur wenige Betriebspunkte bei der Phlegmatisierung, bei der nicht beide Antriebsmaschinen zusammen agieren. Der Ladezustand bei der ECMS sinkt von Beginn an sehr stark, was auf einen hohen elektrischen Fahranteil (reine elektrische Fahrt und Boosten) im Low-Teil des WLTC zurückschließen lässt. Bei der Phlegmatisierung hingegen werden sowohl steigende als auch sinkende Flanken der Lastanforderung phlegmatisiert, was im ersten Teil des WLTC sogar zu einer Zunahme des Batterieladezustands führt. Beginnend mit dem Medium-Teil des WLTC muss die elektrische Maschine zunehmend mehr steigende als fallende Flanken phlegmatisieren und ist häufiger im Boost- als im Auflast-

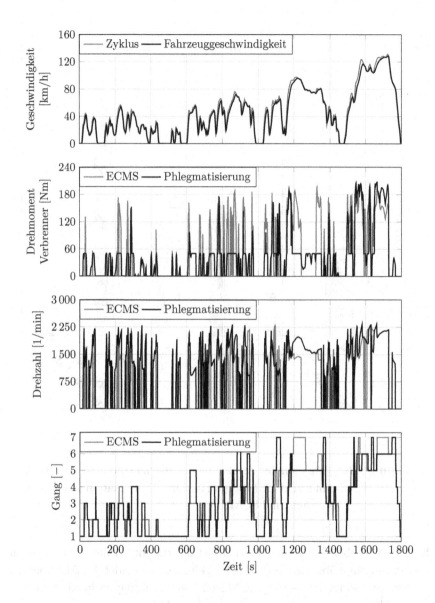

Abbildung 3.27: Vergleich der Simulationsergebnisse zwischen HEV mit reiner ECMS und HEV mit Kombination aus Phlegmatisierung und ECMS

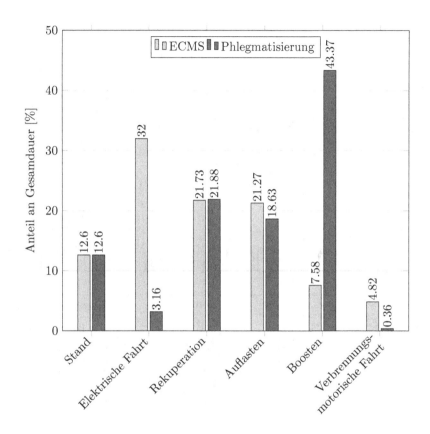

Abbildung 3.28: Vergleich der Zeitanteile der Betriebsmodi zwischen HEV mit reiner ECMS und HEV mit Kombination aus Phlegmatisierung und ECMS

betrieb. Wie oben bereits beschrieben, ist das der immer anspruchsvolleren Lastanforderung über den Verlauf des Zyklusses geschuldet. Im Allgemeinen wird bei der Phlegmatisierung/ECMS der zur Verfügung stehende Ladehub deutlich besser ausgenutzt als bei der reinen ECMS.

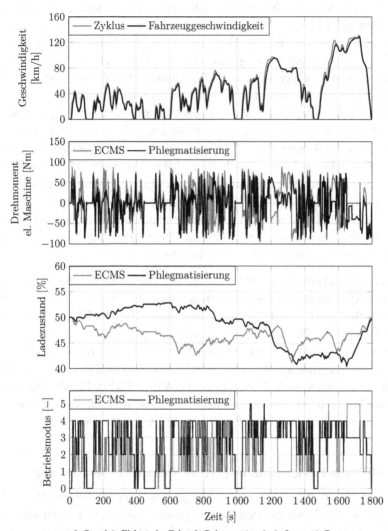

0: Stand 1: Elektrische Fahrt 2: Rekuperation 3: Auflasten 4: Boosten
5: Verbrennungsmotorische Fahrt

Abbildung 3.29: Vergleich der Simulationsergebnisse zwischen HEV mit reiner ECMS und HEV mit Kombination aus Phlegmatisierung und ECMS

Die Gegenüberstellung der Betriebsmodi-Anteile der beiden Optimierungsalgorithmen in Abb. 3.28 verdeutlicht die unterschiedliche Betriebsweise der elektrischen Maschine. Bei der Phlegmatisierung wird ein Einzelbetrieb der beiden Antriebsmaschinen möglichst vermieden. So stehen ein elektrischer Fahrtanteil von 32 % bei der reinen ECMS einem Anteil von 3,16 % bei der Phlegmatisierung gegenüber. Die verbrennungsmotorische Fahrt hat bei der reinen ECMS einen Anteil von 4,82 %, bei der Phlegmatisierung hingegen 0,36 %. Da der Verbrennungsmotor möglichst oft phlegmatisiert werden soll, befindet sich das Hybridfahrzeug mit 43,37 % deutlich öfters im Boostbetrieb als bei der reinen ECMS mit 7,58 %. Durch den geringen Anteil rein elektrischer Fahrt sind bei der Phlegmatisierung mit 18,63 % weniger Auflastpunkte notwendig, als bei der reinen ECMS mit 21,27 %. Die Rekuperations- und der Stand-Anteil ergeben sich durch das vorgegebene Fahrprofil und unterscheiden sich kaum. Lediglich der Rekuperationsanteil ist bei der Phlegmatisierung um 0,15 % höher durch eine leicht andere Fahrweise des Fahrerreglers.

Wie bereits beschrieben, befinden sich die Verbrenner-Betriebspunkte bei der reinen ECMS hauptsächlich im Bereich des höchsten Wirkungsgrades, welche aber zu höheren NO_x- und Rußemissionen führen. Bei der Phlegmatisierung werden ein großer Teil der Betriebspunkte des Verbrennungsmotors in den teilhomogenen Bereich geschoben (siehe Abb. 3.32(a)). Die Betriebspunkte der elektrischen Maschine sind bei der reinen ECMS gleichmäßig auf motorischen und generatorischen Betrieb verteilt (siehe Abb. 3.32(b)). Bei der Phlegmatisierung konzentriert sich ein Großteil der Punkte im motorischen Teil des Kennfeldes, was auf den hohen Boost-Anteil zurückzuführen ist.

3.4.3 HEV mit Phlegmatisierung versus Konventionelles Fahrzeug

Ein großer Unterschied der Simulationsergebnisse kann im direkten Vergleich zwischen dem phlegmatisierten Fahrzeugkonzept und dem konventionellen Fahrzeug betrachtet werden. Der große Vorteil des Hybridfahrzeugs mit Phlegmatisierung gegenüber dem konventionellen Fahrzeug ist das deutlich ausgeglichenere Verbrennermoment über den Fahrzyklus. In Abb. 3.31 erkennt man die deutliche Ausbildung von Plateaus der Drehmomentkurve des Verbrennungsmotors durch die elektrische Unterstützung. Dadurch liegen deutlich mehr Betriebspunkte innerhalb des teilhomogenen Betriebsbereichs als beim kon-

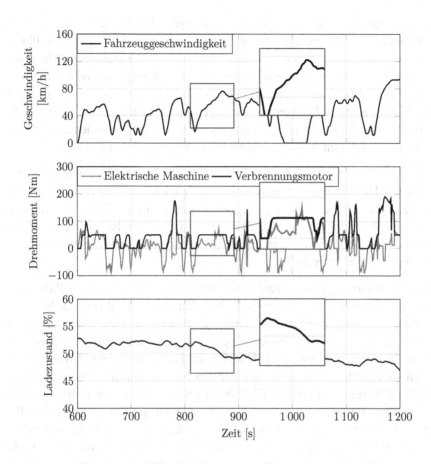

Abbildung 3.30: Simulationsergebnisse des HEV mit Kombination aus
Phlegmatisierung und ECMS

ventionellen Fahrzeug sowie beim HEV mit reiner ECMS (siehe Abb. 3.32(a)).
Die meisten Anfahrpunkte des Verbrennungsmotors werden bei der Phlegmatisierung, wie auch bei der reinen ECMS, durch die elektrische Maschine
übernommen. Jedoch ergeben sich hier einige Anfahrpunkte mehr als bei der
ECMS, die durch einen Boost-Betrieb der beiden Antriebsmaschinen gefahren
werden. Gegenüber dem konventionellen Fahrzeug, hebt der Phlegmatisierungs-
algorithmus die Drehzahl an zugunsten niedrigerer Drehmomente. Das lässt
sich auch an der im Allgemeinen niedrigeren Gangwahl erkennen.

In Abb. 3.30 ist der Abschnitt 600 s - 1200 s näher beleuchtet. Hier lässt sich das
Resultat des Phlegmatisierungsalgorhithmus gut erkennen. Im herangezoomten
Bereich, wird bei einer steigenden Geschwindigkeit, das Verbrennermoment
auf dem Bestpunkt von 55 Nm gehalten und die elektrische Antriebsmaschine
übernimmt die steigende Last. Der Ladezustand sinkt dementsprechend von
knapp 53 % auf unter 50 %.

Die Simulationsergebnisse verdeutlichen die hohe Wirksamkeit der Phlegmatisierung in Kombination mit einer ECMS. Ein sehr hoher Anteil der Betriebspunkte des Verbrennungsmotors werden durch die elektrische Unterstützung in
den teilhomogenen Betriebsbereich geschoben. Sowohl gegenüber dem konventionellen Fahrzeug als auch dem Hybridfahrzeug mit reiner ECMS ergeben
sich somit große Vorteile hinsichtlich der NO_x- und Rußemissionen. Beim
Hybridfahrzeug mit reiner ECMS befinden sich zwar viele Betriebspunkte
im wirkungsgradoptimalen Bereich des Verbrennungsmotors, jedoch ohne Berücksichtigung der Schadstoffemissionen, die in diesem Bereich besonders
ungünstig in Bezug auf NO_x- und Rußemissionen sind. Die Phlegmatisierung
wird hauptsächlich durch den gemeinsamen Betrieb der beiden elektrischen
Maschinen erreicht. Dementsprechend hoch ist der Boostanteil gegenüber der
reinen ECMS. Die Fahrt mit nur einer der beiden Antriebsmaschinen wird
weitestgehend vermieden. Im Allgemeinen wird der zur Verfügung stehende
Ladehub der Batterie bei dem Hybridfahrzeug mit Phlegmatisierung besser
ausgenutzt.

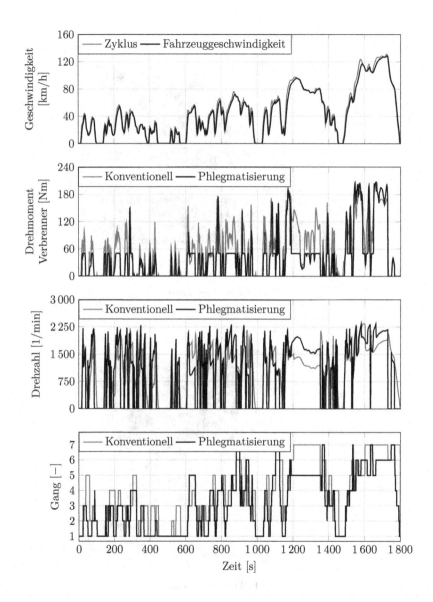

Abbildung 3.31: Vergleich der Simulationsergebnisse zwischen konventionellem Fahrzeug und HEV mit Kombination aus Phlegmatisierung und ECMS

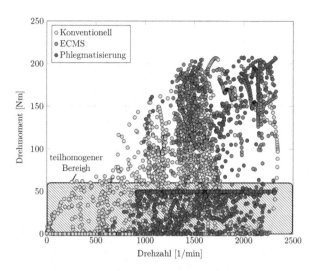

(a) Verbrennungsmotor

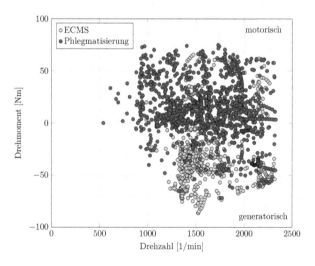

(b) Elektrische Maschine

Abbildung 3.32: Betriebspunkte der Antriebsmaschinen der drei Simulationen

4 Motor und Prüfstandsaufbau

4.1 Übersicht

Um einen Überblick über den Versuchshergang zu geben, wird im Folgenden genauer auf den Prüfstandsaufbau eingegangen. Die aus der Simulation erzeugten Daten in Form von Drehmoment und Drehzahl dienen als Eingangsgröße für die experimentelle Untersuchung am Prüfstand. Da ein echtzeitfähiges Simulationsmodell immer nur eine Annäherung an die Realität darstellen kann, sind experimentell erzeugte Daten unumgänglich, um das Simulationsmodell weiterentwickeln und dem realen Motorkonzept weiter annähern zu können. Experimentelle Messungen beinhalten dabei sowohl dynamische Motoreinflüsse, als auch die Umgebungsbedingungen, welche durch die Simulation nicht berücksichtigt werden. Weiterhin können aus dem Prüfstandsbetrieb Rückschlüsse auf die Emissionsbildung und den Verbrauch des Motorkonzeptes gezogen werden, womit eine Optimierung der Simulation hinsichtlich der gegebenen Parameter möglich ist.

Tabelle 4.1: Eigenschaften des modifizierten Prüfstandsmotors OM642 [17]

Beschreibung	Einheit	Kenndaten
Bauform/Bankwinkel	-/°	V6/72
Hubraum	cm^3	2987
Bohrung × Hub	mm	83 × 92
Zylinderabstand	mm	106
Pleuellänge	mm	168
Verdichtung	-	15.5:1
Nennleistung	kW	68
bei Drehzahl	min^{-1}	2400
Max. Drehmoment	Nm	270
bei Drehzahl	min^{-1}	2200-2400

© Der/die Autor(en), exklusiv lizenziert an
Springer Fachmedien Wiesbaden GmbH, ein Teil von Springer Nature 2023
J. M. Klingenstein, *Potentialanalyse zum Einsatz teilhomogener Verbrennung im elektrifizierten Antriebsstrang*, Wissenschaftliche Reihe Fahrzeugtechnik Universität Stuttgart, https://doi.org/10.1007/978-3-658-40961-6_4

Die Messungen werden an einem modifizierten V6-Dieselmotor der Firma Mercedes-Benz mit der Modellbezeichnung OM642 in einem geschlossenen Prüffeld durchgeführt. Durch zwei Vorgängerprojekte wurde sowohl der Luftpfad als auch der Kraftstoffpfad so verändert, dass ein Betrieb mit konventionellem oder teilhomogenem Brennverfahren möglich ist. Der Luftpfad des konventionellen OM642 wurde dabei um ein Niederduck-AGR-Strecke mit zusätzlichem AGR-Kühler erweitert. Um die großen Mengen an rückgeführtem Abgas kühlen zu können, wurde zusätzlich der Ladeluftkühler zu einem Luft-Wasser-Kühler mit größerer Kühlleistung umgebaut. Die Erweiterung umfasst den ND-AGR-Strecke und den Ladeluftkühler, sowie zusätzlich mehrere Sensoren zur Messung von Druck, Temperatur und Sauerstoffgehalt, ein ND-AGR-Ventil und eine Abgasgegendruckklappe (AGDK). Die wichtigsten Motordaten sind in Tabelle 4.1 zusammengefasst, wobei die Nennleistung und das maximale Drehmoment bei den jeweiligen Drehzahlen aufgrund der verminderten Verdichtung neu experimentell bestimmt wurden.

Der Versuchsmotor wird durch ein Common-Rail-Systems mit Kraftstoff versorgt. Dieses kann Raildrücke bis 1600 bar erzeugen, wobei im Prüfstandsbetrieb maximal 900 bar erreicht werden. Die direkte Einbringung des Kraftstoffes in den Zylinder erfolgt durch sechs individuelle Piezo-Injektoren, welche eine mehrfache Einspritzung pro Arbeitsspiel ermöglichen (vgl. Abschnitt 2.2.2). Serienmäßig ist der OM642 mit einer Hochdruck-AGR-Strecke ausgeführt, welche sowohl ein Regelventil als auch eine Drosselklappe im Ansaugtrackt besitzt. Das zurückgeführte Abgas kann entweder über einen AGR-Kühler, welcher in der Mitte des V-Motors zwischen den beiden Zylinderbänken liegt, oder durch einen Bypass der Frischluft zugeführt werden. Zusätzlich ist der OM642 mit einem VTG-Lader ausgestattet, der eine Regelung des Ladedrucks möglich macht. Die vorhandene Einlasskanalabschaltung, welche zur Erhöhung der Drallbewegung im Brennraum eingesetzt werden kann, wurde durch die Vorgängerprojekte außer Betrieb genommen. Eine schematische Darstellung des Versuchsmotors ist in Abbildung 4.1 dargestellt. Zur besseren Übersicht ist die Hochdruck-AGR-Strecke dabei neben dem Motor und nicht wie in Realität in der Mitte der Zylinderbank, abgebildet.

In der Abgasstrecke ist die serienmäßige motornahe Kombination aus Dieseloxidationskatalysator und Diesel-Partikel-Filter von Mercedes-Benz verbaut.

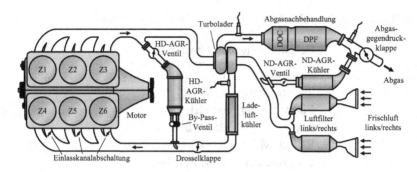

Abbildung 4.1: Schematische Darstellung des Aufbaus des Versuchsmotors [1]

Ein SCR-System ist nicht am Versuchsmotor angebracht, da dessen Einfluss auf die Reduktion von Stickoxiden weitreichend erforscht ist.

Um die Aktuatorik des Versuchsmotors präzise steuern zu können, wird das Forschungssteuergerät PROtronic der Firma Schaeffler eingesetzt. Dieses ist in der Lage, die komplexen, kurbelwinkelaufgelösten Berechnungen durchzuführen, die für die Betriebsartenumschaltung und den teilhomogenen Betrieb benötigt werden.

Zur Erzeugung betriebsgerechter Umgebungsbedingungen, wird der geschlossen Prüfraum mittels einer Umluftkühlung auf 20 °C - 25 °C konditioniert. Der Motor selbst wird durch eine externe Konditionierungseinheit, welche sowohl Motoröl als auch Kühlwasser konditioniert, vor Überhitzung geschützt. Zusätzlich wird zur Kühlung der hohen Niederdruck-AGR-Raten der eingesetzte Wasser-Luft-Wärmetauscher durch eine getrennte Konditionierungseinheit temperiert.

4.2 Motorsteuerung

Durch die bauliche Veränderung des Luftpfades des Prüfstandsmotors ist der Einsatz des Seriensteuergerätes nicht mehr möglich. Das Rapid-Prototyping Steuergerät PROtronic TopLine ermöglicht durch seine freie Programmierbar-

Tabelle 4.2: Hardwarekonfiguration der PROtronic TopLine

Beschreibung	PROtronic
Prozessor	Freescale MPC8544
Taktfrequenz	1 MHz
Flashspeicher	64 MB
RAM	256 MB
EEPROM	32 kB
Co-Prozessor	IBM PPC440
Taktfrequenz	400 MHz

keit die Anpassung der Funktionsstruktur an den neuen Aufbau des Motors. Die komplexen Berechnungen werden durch eine vergrößerte Rechenleistung des Hauptprozessors und eine zusätzlichen Co-Prozessor ermöglicht.

Um mit den benötigten Sensoren Aktuatoren und Applikationsgeräten kommunizieren zu können, besitzt die PROtronic verschiedene Kommunikationsschnittstellen. Durch eine Ethernetverbindung wird die Kommunikation mit dem Applikationscomputer hergestellt, der mit der Prüfstandssoftware MARC betrieben wird. Dies ermöglicht die Variation verschiedenster Parameter während des Betriebs, wobei die Funktionsstruktur selbst nicht verändert wird. Über einen CAN-Bus wird die benötigte Echtzeitindizierung angeschlossen, welche eine Verbrennungsregelung erst möglich macht. Alle weiteren 144 Pins des Steuergeräts, also sowohl Signalaus- als auch Signaleingänge, werden auf eine sogenannte „Breakout-Box" umgelegt, sodass eine schnelle Steckverbindung mittels Bananenstecker möglich wird. Die Zusätzlich angebrachten Temperatur und Druckmessstellen werden ebenfalls mit diesen Bananensteckern mit der PROtronic „Breakout-Box" verbunden, nachdem die Messsignale an Druckbeziehungsweise Temperaturmessboxen in Analogsignale umgewandelt werden. Die Pins des Kabelbaums des OM642 werden ebenfalls auf eine „Breakout-Box" umgelegt, um eine Verbindung mit dem Steuergerät herstellen zu können. Die Piezo-Injektoren werden über eine Piezo-Endstufe angesteuert, welche die von der PROtronic an der „Breakout-Box" erzeugten Signale verstärkt und diese direkt an die einzelnen Injektoren überträgt. In Abbildung 4.2 ist die schematische Verbindung zwischen den einzelnen Komponenten dargestellt.

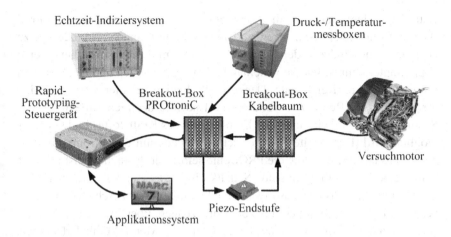

Abbildung 4.2: Schematische Darstellung des Aufbaus des Forschungssteuergerätes und dessen Verbindungen [1, 18, 23, 24]

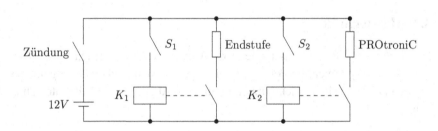

Abbildung 4.3: Elektrischer Schaltplan der Spannungsversorgung der PROtronic

Die Protronic und alle weiteren Komponenten werden durch eine LKW-Batterie mit normalem 12 V Spannungsniveau gespeist. Zur Absicherung existieren mehrere Möglichkeiten zur Notfallabschaltung, um entweder die PROtronic oder den Motor vor der Zerstörung zu bewahren. Der elektrische Schaltplan der Spannungsversorgung ist in Abbildung 4.3 dargestellt.

Durch die Prüfstandssoftware „MORPHEE" wird zunächst die Zündung betätigt, und damit der erste Schalter im Schaltplan geschlossen. Bei einem

Betriebsproblem kann also die komplette Stromversorgung durch die Prüfstandssoftware unterbrochen werden. Um eine weitere analoge Notfallebene zu
erzeugen, wurden die beiden Schalter S_1 und S_2 im Prüffeld installiert. Beide
Kippschalter können separat voneinander betätigen werden und befinden sich
immer in direkter Reichweite. Der erste der beiden Schalter S_1 schließt den
Stromkreis zum Relais K_1, wodurch die Endstufe der Piezo-Injektoren mit
Spannung versorgt wird und eine Einbringung des Kraftstoffes in den Motor
möglich wird. Der zweite Schalter schließt wiederum den Stromkreis zum
zweiten Relais K_2, wodurch die PROtronic selbst mit Spannung versorgt wird.
Durch eine Unterteilung in beide Schaltkreise ist es möglich, auch bei einer
nicht reagierende Prüfstandssoftware, die Einspritzung abzuschalten, ohne dabei einen Datenverlust auf der Protronic zu erzeugen. Ebenfalls kann durch das
Abschalten der Einspritzung eine Beschädigung des Motors verhindert werden,
falls ein Berechnungsfehler des Steuergeräts die Einspritzzeitpunkte verschiebt.

4.3 Messtechnik

Der Prüfstandsaufbau umfasst eine große Anzahl an verschiedenen Messsenso-
ren und Messsystemen. Im Folgenden wird zur Übersichtlichkeit die allgemeine
Messtechnik, die Hochdruckindizierung und die Abgasmesstechnik unterschieden.

4.3.1 Allgemeine Messtechnik

Neben der spezifischen Abgasmesstechnik existieren weitere allgemeinere
Sensoren zur Überwachung des Motors im Betrieb. Die allgemeine Messtechnik
ist am Versuchsmotor und im Prüffeld vor allem durch die verschiedenen
Temperatur- und Druckmessstellen gegeben. Da die Verbrennungsregelung
eine große Anzahl an Messdaten benötigt, werden viele der Messungen direkt
von der PROtronic aufgenommen und mit MARC aufgezeichnet. Alle anderen
Messungen werden dem Messgalgen zugeführt und mit der Prüfstandssoftware
Morphee gesichert. Beide Messcomputer kommunizieren über Ethernet in
Echtzeit, wodurch alle gemessenen Daten zusammengeführt und gespeichert
werden.

In Tabelle 4.3 sind alle Messstellen aufgezählt, wobei neben den Druck- und Temperaturmessstellen ebenfalls mehrere Lambda-Sensoren und verschiedene Luftmassenmesser zum Einsatz kommen.

Zur Bestimmung der Drücke kommen ausschließlich piezoresistive Druckaufnehmer der Firma Keller zum Einsatz. Um die Differenzdrücke Δp_{NDAGR} und Δp_{AGD} ermitteln zu können, werden spezielle Differenzdrucksensoren, welche aber ebenfalls nach dem piezoresisitven Prinzip arbeiten, eingesetzt. Die Temperaturen werden durch Thermoelemente des Typs K (Nickel-Chrom-Nickel) bestimmt, welche im vorliegenden Temperaturbereich problemlos eingesetzt werden können. Eine Messung der Luftmasse erfolgt erst durch ein Sensycon Sensyflow Messgerät, welches den gesamten Luftmassenstrom misst. Nachfolgend wird eine zweite Messung durch die beiden HFM-Sensoren, die im Serienmotor verbaut, sind durchgeführt. Die jeweils eingesetzten Messgeräte arbeiten beide nach dem Heißfilmprinzip, wobei durch die doppelte Messung eine Fehlfunktion einzelner Sensoren ausgeschlossen werden kann. Zur Bestimmung des Sauerstoffgehalts kommen Lambda-Sensoren der Firma Bosch zum Einsatz, welche durch Messwandler der Firma Knödler betrieben und ausgewertet werden können.

Die erzeugte Motorleistung wird am Prüfstand von einer Asynchronmaschine mit einer Nennleistung von 350 kW und einer maximalen Drehzahl von 11 000 min^{-1} aufgenommen und gemessen. Die elektrische Maschine wird sowohl als Generator als auch als Antriebsmaschine genutzt, um beispielsweise den Motor auf die Startdrehzahl zu schleppen. Da der Motor direkt mit der Asynchronmaschine verbunden und das angebaute Getriebe durch eine Welle direkt übersetzt ist, wird weder die Nennleistung noch die maximale Drehzahl der E-Maschine ausgereizt. Die Steuerung des Systems erfolgt ebenfalls über die Prüfstandssoftware Morphee.

4.3.2 Hochdruckindizierung

Neben der allgemeinen Messtechnik existiert auch noch eine spezifischere Messtechnik zur genaueren Untersuchung des Verbrennungsvorganges. Um der Trägheit des Luftpfades entgegenzuwirken, wird die Kraftstoffpfadregelung eingesetzt, welche durch die Vorgängerprojekte entwickelt wurde. Die zur Rege-

Tabelle 4.3: Messstellen des Prüfstandsaufbaus

Messstellenname	Typ	Ort
p_{1vF}	Druck	Druck vor Luftfilter
p_{1vV}	Druck	Druck vor Verdichter
p_{2nV}	Druck	Druck nach Verdichter
p_{2nLLK}	Druck	Druck nach Ladeluftkühler
p_{2SR}	Druck	Druck im Saugrohr
p_{3vT}	Druck	Abgasdruck vor Turbine
p_{4nt}	Druck	Abgasdruck nach Turbine
p_5	Druck	Abgasdruck vor AGDK
Δp_{NDAGR}	Differenzdruck	Differenzdruck der NDAGR
Δp_{AGD}	Differenzdruck	Differenz vor und nach der AGDK
p_{HKrst}	Druck	Kraftstoff-Raildruck
p_{Krst}	Druck	Druck des Kraftstoffvorlaufes
p_{Oil}	Druck	Öldruck
p_{Raum}	Druck	Luftdruck im Prüffeld
T_{ANS}	Temperatur	Ansaugtemperatur
T_{1vV}	Temperatur	Temperatur vor Verdichter
T_{2nV}	Temperatur	Temperatur nach Verdichter
T_{2nLLK}	Temperatur	Temperatur nach Ladeluftkühler
T_{2SR}	Temperatur	Temperatur im Saugrohr
T_{3vT}	Temperatur	Temperatur vor Turbine
T_{4nt}	Temperatur	Temperatur nach Turbine
T_5	Temperatur	Temperatur vor AGDK
T_{Oil}	Temperatur	Öltemperatur
T_{KW}	Temperatur	Kühlwassertemperatur
T_{Raum}	Temperatur	Raumtemperatur
$\dot{m}_{ges}$	Luftmasse	Ansaugluftmasse
$\dot{m}_{HFM1}$	Luftmasse	Luftmasse rechter Luftfilter
$\dot{m}_{HFM2}$	Luftmasse	Luftmasse linker Luftfilter
λ_{nV}	Sauerstoffgehalt	O_2 Gehalt nach Verdichter
λ_{SR}	Sauerstoffgehalt	O_2 Gehalt im Saugrohr
λ_{vDPF}	Sauerstoffgehalt	O_2 Gehalt vor DPF
λ_{nDPF}	Sauerstoffgehalt	O_2 Gehalt nach DPF

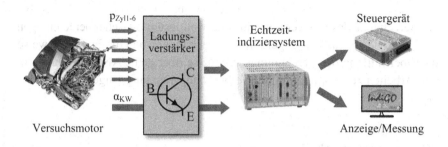

Abbildung 4.4: Messkette der Hochdruckindizierung [1, 18, 23, 24]

lung des Luft- und Kraftstoffpfades benötigten Größen sind vom Kurbelwinkel aufgelösten Zylinderdruckverlauf abhängig [1]. Um den Zylinderdruckverlauf zu messen, werden sechs identische piezoelektrische Drucksensoren des Typs „AVL GU23D" eingesetzt, welche auf die sechs einzelnen Zylinder aufgeteilt sind. Zur Bestimmung des Kurbelwinkels und des oberen Totpunktes ist ein induktiver Kurbelwinkelgeber, welcher eine Messauflösung von 1 °KW erlaubt, an der Kurbelwelle angebracht. Die durch die piezoelektrischen Sensoren entstehende Ladung wird durch einen Ladungsverstärker verstärkt und zusammen mit dem Kurbelwinkelsignal an ein Echtzeitindiziersystem (ADwin-Pro II) übermittelt. Das Indiziersystem berechnet die für die Verbrennungsregelung benötigten Größen und und übermittelt diese über einen CAN-Bus an die PROtronic und gleichzeitig über Ethernet an einen Indizierungs-Computer mit der Software IndiGo. Über diesen PC kann ebenfalls das Indiziersystem geflashed werden, wodurch benötigte Rechenoperationen programmiert werden können. Die wichtigsten berechneten Größen, welche für die Verbrennungsregelung benötigt werden, sind der indizierte Mitteldruck der Hochdruckschleife ($p_{mi,HD}$), der indizierte Mitteldruck der Lastwechselschleife ($p_{mi,LW}$), die Schwerpunktlage (SWP), der Heizverlauf Brennbeginn (BB_{H10}), der maximale Druckgradient ($\frac{dp}{d\phi}max$), der Ort des maximale Druckgradients ($\zeta(\frac{dp}{d\phi}max)$) und der teilhomogene Brennbeginn (BB_{TH}). In Abbildung 4.4 ist die Messkette der Hochdruckindizierung veranschaulicht.

Das Echtzeitindiziersystem bestimmt die direkten Indiziergrößen ohne Zwischenschritt aus den gemessenen Druckverläufen. Für die indirekten Indiziergrößen müssen komplexe Zwischenberechnungen durchgeführt werden, wobei die Berechnung des Heizverlaufs eine der wichtigsten Zwischenberechnungen darstellt. Die genauen durchgeführten Berechnungen und die Funktionsweise der Übermittlung der Berechnungsergebnisse über den CAN-Bus können in den Arbeiten zur Applikation der Verbrennungsregelung eingesehen werden [1, 62].

4.3.3 Abgasmesstechnik

Da einer der Schwerpunkte der Arbeit die Reduktion der emittierten Schadstoffe darstellt, wird die Abgaszusammensetzung an verschiedenen Punkten gemessen. Den Großteil der Messung übernehmen dabei zwei separat agierende Abgasmessanlagen des Typs MEXA 7170 DEGR. Beide AMAs sind mit einem Flammenionisationsdetektor (FID), einem Chemilumineszens-Detektor (CLD) und einem nichtdispersiven Infrarotspektrometer (NDIR) ausgestattet, wodurch die Konzentrationen der Kohlenwasserstoffe, Stickoxide und Kohlenstoffmonoxide bestimmt werden. Da die beiden AMAs nicht im Prüfraum angebracht sind, wird ihnen das zu vermessende Abgas, durch beheizte Leitungen von zwei direkt im Prüfstand aufgebauten „Booster Sampling Pump Units" (BSPU), zugeführt. Die Rußkonzentration wird unabhängig von den anderen Messsystemen durch einen AVL Micro Soot Sensor (MSS) gemessen, der mittels des photoakustischen Effekts auch geringe Konzentrationen bestimmen kann. Um die korrekte Bestimmung der Rußkonzentration gewährleisten zu können, wird dem MSS eine AVL Exhaust Conditioning Unit vorgeschaltet, welche mehrere Funktionen erfüllt. Erstens erzeugt ein Verdünnungsmodul eine nahezu konstante Verdünnung des Abgasstroms und zweitens wird der Abgasdruck durch ein Druckreduzierungs-Modul reduziert, wodurch der vorgeschriebene Messdruck des Geräts, welcher zwischen 1 bar - 1,3 bar liegt, eingehalten werden kann [22].

In Abbildung 4.5 sind die Entnahmepunkte aus dem Abgasstrang dargestellt. Da für die Reduzierung der HC/CO Emissionen im neuen Antriebskonzept der elektrisch beheizte Katalysator eingesetzt wird, wird die Emissionsmessung direkt vor und nach dem DOC-DPF Verbund durchgeführt. Die Messung der Rußkonzentration erfolgt ausschließlich vor der Abgasnachbehandlung, da hauptsächlich das Potential des vergrößerten teilhomogenen Betriebs untersucht

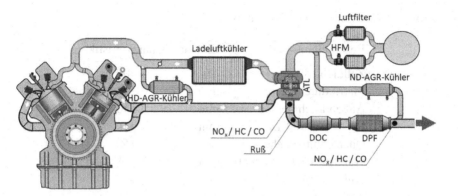

Abbildung 4.5: Schematische Darstellung der Messpunkte der Abgasmesstechnik

wird. Der Einfluss des Dieselpartikelfilters und des SCR-Katalysators (selektive
katalytische Reduktion) auf die emittierten Schadstoffe sind bekannt, weshalb
einerseits keine Messung der Rußemissionen nach dem DPF durchgeführt und
andererseits kein SCR-Katalysator am System angebracht wird.

Zur Bestimmung des Kraftstoffverbrauchs wird eine Kraftstoffwaage vom Typ
AVL 733 eingesetzt. Diese muss aufgrund ihrer maximalen Füllmenge bei
langen Zyklusfahrten zwischenbefüllt werden.

Da die Messungen aller Messsysteme an einem Prüfstandscomputer zusammengeführt werden, kann bei einer Zyklus- oder Testfahrt eine zeitgleiche Messung
an allen Geräten und Sensoren gleichzeitig ausgelöst werden, wodurch ein
ganzheitlich vollkommenes Messfile mit allen auszuwertenden Daten entsteht.
Durch die unterschiedlichen Latenzen der Messgeräte kann es zu geringen
zeitlichen Verschiebungen kommen, welche im Postprocessing ausgemerzt
werden.

Tabelle 4.4: Eigenschaften des Katalysators

Beschreibung	Einheit	Charakteristik
Zelldichte	cpsi	400
Matrixdurchmesser	mm	143
Außendurchmesser	mm	146
Länge der Matrix	mm	90
Querschnittsfläche	cm^2	160
Wandstärke des Mantels	mm	1.5
Folienstärke	µm	40
Aktive Metallschicht	$g\,ft^{-3}$	10

4.4 Modifizierung der Abgasstrecke

Um den elektrisch beheizten Katalysator einsetzen zu können, wird die Abgas-strecke modifiziert. Der alte Dieseloxidationskatalysator wird dafür mechani-sche aus der Abgasstrecke entfernt, und der neue elektrisch beheizte Katalysator an der gleichen Stelle verschweißt. Zu beachten ist dabei, dass das Volumen der Abgasstrecke nicht merklich verändert wird, um die Funktionsweise der Ver-brennungsregelung nicht zu beeinflussen, da diese eine große Abhängigkeit zum Volumen der Abgasstrecke aufweist. Den Anforderungen entsprechend wird der elektrisch beheizte Katalysator „EMICAT 4" der Firma Emitec verwendet. Das auf 48 V ausgelegte Modell erreicht eine maximale Heizleistung von bis zu 4,5 kW, wobei die Heizscheibe zum Betrieb mit Gleichstrom versorgt wird. Der Katalysator besitzt eine Platin-Paladium Beschichtung[*], welche von der Firma Umicore auf den Träger aufgebracht wurde. Der ausgewählte Katalysator ist 137,5 mm lang und weist einen Innendurchmesser von 144,5 mm auf. In Tabelle 4.4 sind die Daten des Katalysators dargestellt.

Der Aufbau entspricht dem in Abbildung 2.18 dargestellten und in Abschnitt 2.2.7 erläuterten elektrisch beheizbarem Katalysator, wobei der einzige sche-matische Unterschied darin liegt, dass die 48 V Variante zwei elektrische An-schlüsse benötigt.

---

[*]Aus Geheimhaltungsgründen darf das Beschichtungsverhältnis nicht veröffentlicht werden

Abbildung 4.6: Verwendeter elektrisch beheizter Katalysator „EMICAT 4"

Zur Stromversorgung werden zwei parallel DC-Labornetzgeräte des Typs PS 900 2U verwendet, da ein einzelnes Netzteil nur einen maximalen Strom von 50 A bereitstellen kann. Das An- und Abschalten des elektrischen Katalysators erfolgt durch ein Analogsignal, welches vom Messgalgen den Netzteilen zugeführt wird. Da das Analogsignal vom Prüfstandscomputer aus gesteuert wird, muss das Prüffeld im Betrieb nicht betreten werden.

Eine elektrische Verbindung mittels Kabelschuhen führt bei ersten Versuchen zu einer Überhitzung der Kabelschuhe und des elektrischen Anschlusses am Katalysator, da der ringförmige Kontakt eine zu kleine Fläche aufweist. Um die Fläche zu erhöhen, wird ein zusätzliches Verbindungsstück aus Kupfer eingesetzt, welches bündig am konisch verlaufenden elektrischen Anschluss der Heizscheibe anliegt, wodurch die Kontaktfläche stark vergrößert wird. Der Kabelschuh der Netzteile wird flach auf dem Bauteil verschraubt, wodurch diese Kontaktfläche ebenfalls stark ansteigt. Das zusätzlich am Forschungsinstitut

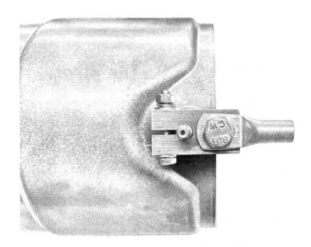

Abbildung 4.7: Elektrisch beheizter Katalysator mit Zusatzbauteil und Kabelschuh

hergestellte Verbindungsstück ist in Abbildung 4.7 mit einem beispielhaft angebrachten Kabelschuh dargestellt.

Durch die lange Standzeit des Motors und die hohen Laufzeiten muss zusätzlich ein Austausch des Hochdruck-AGR-Kühlers durchgeführt werden, da die fortgeschrittene Versottung zu einem verminderten Abgasstrom führt. Dies wiederum sorgt für eine nicht funktionsfähige Verbrennungsregelung, was in stark erhöhten Druckgradienten resultiert. Ebenfalls steigen durch den zu hohen Sauerstoffgehalt bei der teilhomogenen Verbrennung die Geräuschemissionen und die Bildung von Stickoxiden an. Für den Austausch muss die gesamte Frischluftstrecke demontiert werden, da der Kühler, wie oben erklärt, direkt in der Mitte der Zylinderbänke liegt. Durch den Umbau ist es jedoch zusätzlich möglich, die demontierten Bauteile zu reinigen und anliegende Verschleißteile zu erneuern, wodurch spätere Standzeiten reduziert werden. In Abbildung 4.8 ist der Einfluss des Kühlerwechsels deutlich zu sehen, der Druckgradient fällt durch den Wechsel in manchen Bereichen um bis zu 50 % ab.

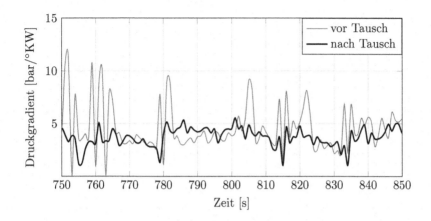

Abbildung 4.8: Druckgradient während einer Zyklusfahrt vor und nach
Austausch des HDAGR-Kühlers

5 Messergebnisse

5.1 Untersuchung der Hauptelemente

Zwei der größten Haupteinflussparameter auf die Emissionsreduzierung sind die Phlegmatisierung und der beheizte Katalysator. Nachfolgend wird deshalb spezifisch auf die Einflüsse und Untersuchungen dieser beiden Teile des Antriebskonzeptes eingegangen.

5.1.1 Einfluss der Phlegmatisierung

Die eingesetzte Phlegmatisierung setzt sich aus zwei Unterfunktionen zusammen. Erstens wird durch die Verzögerung von Momentsprüngen ein Eingriff der Verbrennungsregelung reduziert und zweitens wird die Betriebszeit im teilhomogenen Bereich erheblich vergrößert. Beide Einflüsse können experimentell nachgewiesen werden. Als Beispiel dienen hierbei Messungen aus einem WLTC-Zyklus mit erst aktivierter und danach deaktivierter Phlegmatisierung. Zur Beurteilung der Funktion wird dabei wieder der Druckgradient, aber auch der teilhomogene Brennbeginn nach OT (BBTH) ausgewertet. Der teilhomogene Brennbeginn ist durch den Schnittpunkt der Gerade durch den ersten Wendepunkt der Hauptverbrennung, des jeweiligen Heizverlaufs mit der Nulllinie, gegeben [1]. In Abbildung 5.1 ist der Einfluss des Drehmomentverlaufs mit niedrigeren Gradienten direkt erkennbar. Einerseits sinken durch den angepassten Drehmomentverlauf die Druckgradienten ab, was vor allem zwischen 30 und 50 Sekunden und zwischen 80 und 90 Sekunden erkennbar ist. Andererseits verschiebt die Verbrennungsregelung den teilhomogenen Brennbeginn weniger oft zu späteren Zeitpunkten, wodurch die Verbrennung sich eher im homogenen Bereich befindet. Die niedrigeren Druckgradienten und weniger starke Verschiebung des Brennbeginns führen zu sinkenden Ruß und NO_x Emissionen und reduzieren die Geräuschemissionen.

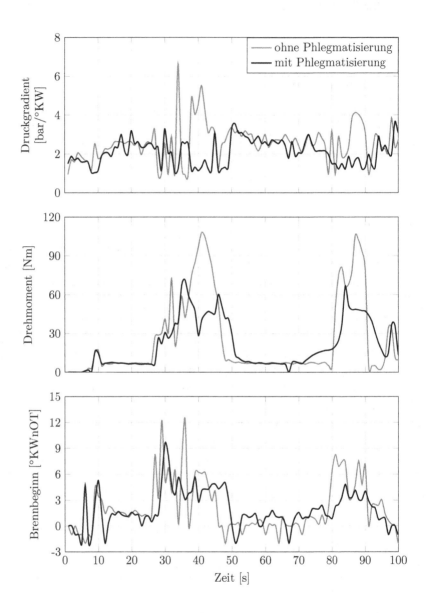

Abbildung 5.1: Einfluss der Phlegmatisierung auf die Druckgradienten und den teilhomogenen Brennbeginn

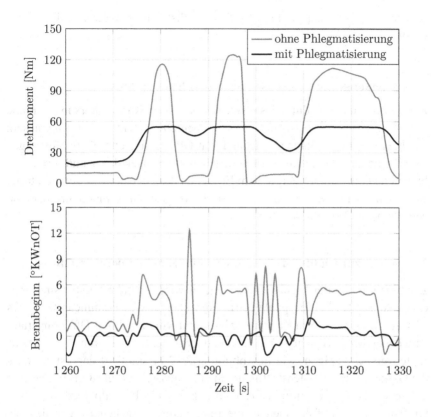

Abbildung 5.2: Plateuausbildung durch die Phlegmatisierung

Auch die erhöhte Betriebszeit im teilhomogenen Applikationsbereich ist deutlich durch die Plateausbildung im Drehmomentverlauf erkennbar. Da die Verbrennungsregelung erst bei Druckgradienten oberhalb von 6 bar/°KW eine Verschiebung des Brennbeginns nach spät anstrebt, liegt der Brennbeginn sehr nahe am Zünd-OT, welcher als optimaler Zeitpunkt definiert ist. Die Druckgradienten bewegen sich relativ konstant zwischen 4 bar/°KW - 6 bar/°KW, weshalb sie in Abbildung 5.2 nicht explizit aufgeführt sind. Da der wirkungsgradoptimale teilhomogene Betriebsbereich zwischen 55 Nm - 60 Nm liegt, wird die Phlegmatisierung so appliziert, dass die Drehmomentplateaus sich genau in diesem Bereich ausbilden. Durch die Messergebnisse können beide durch die

Phlegmatisierung angestrebten Einflüsse vollständig experimentell validiert werden.

5.1.2 Messungen am elektrisch beheizten Katalysator

Zur optimalen Einbindung des elektrisch beheizten Katalysators in die Funktionsstruktur werden verschiedene experimentelle Untersuchungen an diesem durchgeführt. Dazu zählen neben den Light-Off Messungen weitere Messungen zur möglichen Energiefreisetzung, der benötigten Heizdauer und der aufgebrachten elektrischen Energie zum Erreichen des angestrebten Temperaturniveaus. Zusätzlich wird das in Abschnitt 3.2 vorgestellte Temperaturmodell an verschiedenen WLTC-Fahrten verifiziert.

Messungen zur Light-Off-Temperatur und zum Temperatureinfluss

Zur Bestimmung der Light-Off-Temperatur wird der kalte Versuchsmotor in einem konstanten Betriebspunkt betrieben, wobei die Gaszusammensetzung des Abgases direkt nach dem Katalysator bestimmt wird. Die Light-Off-Temperatur wird dabei, wie in Abschnitt 2.2.7 erläutert, bei einem Umsatz von 50 % erreicht. Erste Versuche zeigen, wie in Abbildung 2.17 beispielhaft dargestellt, dass die Oxidation von Kohlenstoffmonoxid eine niedrigere Light-Off-Temperatur aufweist, als die Reaktion der Kohlenwasserstoffe. Deshalb wird die Light-Off-Temperatur im folgenden als die Temperatur angegeben, bei der die Kohlenwasserstoffe eine Umsetzungsrate von 50 % aufweisen, da nur oberhalb dieser Temperatur beide Schadstoffarten ausreichend genug konvertiert werden. Mehrere Versuchsdurchführungen zeigen ein benötigtes Temperaturniveau von etwa 180 °C auf, weshalb versucht wird, den Antriebsstrang so zu betreiben, dass die Katalysatortemperatur stetig über 180 °C liegt. In Abbildung 5.3 ist eine der Light-Off Messungen bei einem Betriebspunkt von $1000 \, \mathrm{min}^{-1}$ und 40 Nm exemplarisch abgebildet. Zur Übersichtlichkeit ist die Darstellung des Temperaturverlaufs so gewählt, dass der Schnittpunkt beider Kurven bei einer Konvertierung von 50 % liegt, was genau der Light-Off-Temperatur entspricht.

Zusätzlich, sind neben reinen Aufheizuntersuchungen auch Auswertungen bei abfallender Temperatur nötig. Dazu wird nach Erreichen einer Temperatur von über 200 °C der Leerlaufbetrieb eingestellt, wodurch die Katalysatortemperatur

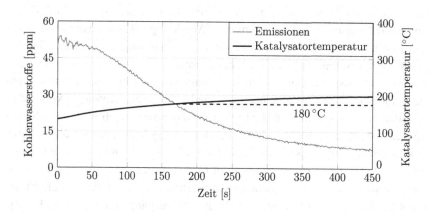

Abbildung 5.3: Kohlenwasserstoffemissionen in Abhängigkeit der Katalysatortemperatur

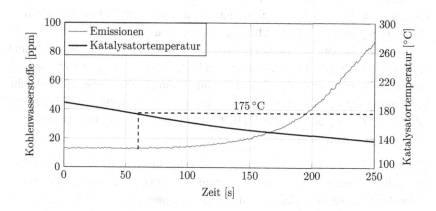

Abbildung 5.4: Abkühlungsvorgang des Katalysators

konstant abfällt. Parallel werden dabei wieder die Kohlenwasserstoffemissionen durch die Abgasmessanlage bestimmt. In Abbildung 5.4 ist eine der Messungen dargestellt. Bei diesen Messungen ist vor allem auffällig, dass ein Anstieg der Emissionen erst unterhalb der oben bestimmten Light-Off-Temperatur bemerkbar ist. Dies lässt sich durch die im Katalysator stattfindenden exothermen Reaktionen erklären, welche, nachdem die benötigte Startenthalpie vorhanden ist, auch nach unterschreiten der Light-Off-Temperatur noch weiter stattfinden können. Der Katalysator kann so im Leerlauf genug Kohlenwasserstoffe oxidieren. Steigt der Luftmassenstrom und damit die zu oxidierende Massenströme aber an, kann die Konvertierung nicht mehr sichergestellt werden. Deshalb wird die vorgestellte Betriebsstrategie trotzdem so appliziert, dass, obgleich der erhöhten Konvertierungsdauer bei Abkühlungsvorgängen, immer eine Katalysatortemperatur oberhalb von 180 °C angestrebt wird.

Um die benötigte Light-Off-Temperatur auch während Phasen mit absinkender Fahrzeuggeschwindigkeit sicherstellen zu können, bei denen der Motor ohne Last aber mit höherer Drehzahl betrieben wird, muss zusätzlich die mögliche Aufheizfähigkeit des elektrisch beheizten Katalysators untersucht werden. Dazu wird der Versuchsmotor ohne Last bei Drehzahlen zwischen $850 \, min^{-1}$ und $1500 \, min^{-1}$ betrieben. Die Maximaldrehzahl der Versuche liegt bei $1500 \, min^{-1}$, da man sich durch passende Schaltvorgänge immer im gegebenen Drehzahlband aufhalten kann. Dabei wird ersichtlich, dass die benötigte Temperatur zur Konvertierung der CO und THC Emissionen bei allen Drehzahlen durch elektrisches Zuheizen gewährleistet werden kann.

Da die elektrische Zuheizung so lange durchgeführt wird, bis der Temperaturgradient keine große Veränderung mehr aufweist, steigt die Temperatur in Abbildung 5.5 bei den niedrigeren Drehzahlen und damit niedrigeren Abgasmassenströmen stärker an.

Durch die Aufheizung bis zum Ausbilden von statischen Temperaturniveaus, kann aus den Temperaturverläufen zusätzlich abgeleitet werden, dass der Katalysator bei den gegebenen Betriebszuständen durch eine elektrische Zuheizung nicht thermisch zerstört werden kann. Dadurch ist es möglich, beim Ausfall eines Temperatursensors oder der Fehleinschätzung eines Temperaturmodells, trotzdem mit Hilfe von hinterlegten Kennfeldern elektrisch zuzuheizen, ohne einen Ausfall des Antriebsstrangs zu riskieren.

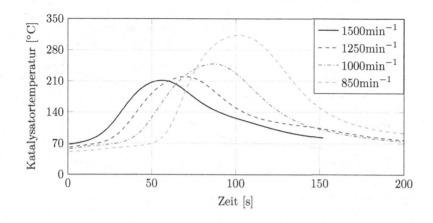

Abbildung 5.5: Elektrische Zuheizung mit 4,5 kW bei verschiedenen Drehzahlen ohne Last

Neben den Temperatur- und Light-Off-Versuchen muss ebenfalls bestimmt
werden, wie viel Zeit und damit Energie, beim Start des Antriebskonzeptes
benötigt wird, um den Katalysator im normalen Fahrzeugalltag aufzuheizen.
Dazu werden Messungen an WLTC Fahrten und RDE-konformen Fahrzyklen
durchgeführt. Jeweils eine der Messungen ist in Abbildung 5.6 und in Abbildung
5.7 dargestellt.

Um das benötigte Temperaturniveau zu erreichen wird jeweils eine Sekunde
nach Motorstart die elektrische Zuheizung mit 4,5 kW gestartet. Bei beiden
Fahrzyklen wird die Light-Off-Temperatur von 180 °C fast gleichschnell erreicht. Im Worldwide harmonized Light-duty vehicle Test Cycle werden dafür
etwa 44 s benötigt und im RDE-Zyklus etwa 42 s. Da beide Fahrzyklen mit
einer Stadtfahrt beginnen und innerhalb der kurzen Zeitspanne keine großen
Differenzen in der zurückgelegten Strecke und Maximalgeschwindigkeit auftreten, ist die ähnliche Aufheizdauer nicht unerwartet. Die kleine Differenz
kann durch die aggressivere Fahrweise im RDE-Zyklus begründet werden. Die
jeweils dafür eingesetzte Batteriekapazität kann leicht berechnet werden.

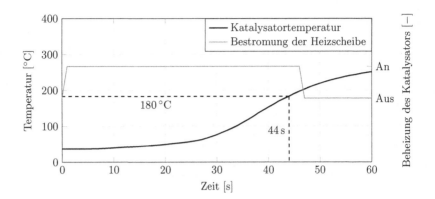

Abbildung 5.6: Elektrisches Aufheizen des Katalysators bei WLTC-Fahrt

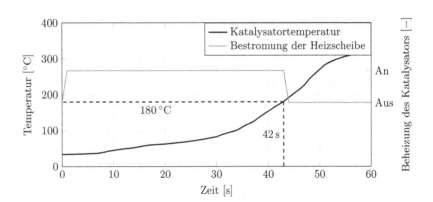

Abbildung 5.7: Elektrisches Aufheizen des Katalysators bei RDE-Fahrt

Für den WLTC gilt:

$$\Delta SOC = \frac{\text{Heizleistung} \cdot \text{Heizdauer}}{\text{Batteriekapazität}}$$

$$\Delta SOC = \frac{4500\,\text{W} \cdot 44\,\text{s}/3600\,\text{s}\,\text{h}^{-1}}{2936\,\text{Wh}} \qquad \text{Gl. 5.1}$$

$$= 0.0187 = 1{,}87\,\%$$

Für den RDE-Zyklus gilt:

$$\Delta SOC = \frac{\text{Heizleistung} \cdot \text{Heizdauer}}{\text{Batteriekapazität}}$$

$$\Delta SOC = \frac{4500\,\text{W} \cdot 42\,\text{s}/3600\,\text{s}\,\text{h}^{-1}}{2936\,\text{Wh}} \qquad \text{Gl. 5.2}$$

$$= 0.0179 = 1{,}79\,\%$$

In beiden Fällen ist die aufgebrachte Energie im Verhältnis zur Kapazität der Batterie gering. Das Einsparpotential der emittierten Schadstoffe jedoch extrem groß. In Abbildung 5.8 ist eine Messung der THC-Emissionen am Anfang des vermessenen RDE-Zykluses dargestellt. Wie man sieht werden die ausgestoßenen Kohlenwasserstoffe durch die elektrische Zuheizung entschieden verringert.

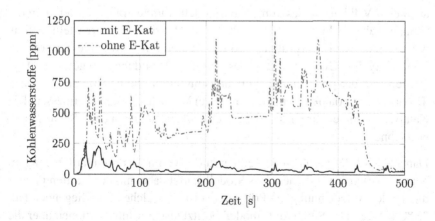

Abbildung 5.8: Elektrisches Aufheizen des Katalysators bei RDE-Fahrt

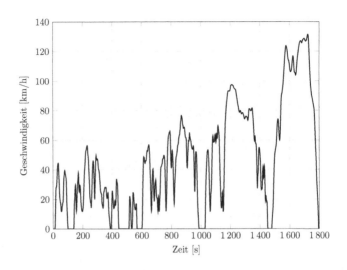

Abbildung 5.9: Worldwide harmonized Light Duty Test Cycle (WLTC) Class 3

Validierung des Temperaturmodells

Neben den reinen Untersuchungen des elektrisch beheizten Katalysators, muss auch eine Validierung des Temperaturmodells durchgeführt werden. Um die Genauigkeit und Funktionsfähigkeit des in Abschnitt 3.2 aufgestellten Temperaturmodells zu überprüfen, wird das Modell am Worldwide harmonized Light Duty Test Cycle (WLTC) Class 3 (siehe Abbildung 5.9) getestet. Dazu werden, mit der präsentierten Vorwärtssimulation, die benötigten Drehzahl-/Drehmomentverläufe erzeugt und diese am Versuchsprüfstand vermessen. Die Katalysatortemperatur wird dabei mit einer Auflösung von einer Sekunde aufgezeichnet.

Danach wird die vermessene Temperaturkurve mit der simulativ erzeugten Temperaturkurve verglichen. Das Modell startet dabei mit der Starttemperatur die bei der Aufzeichnung am Prüfstand vorliegt, welche im vorliegenden Fall 33 °C beträgt. Das Simulationsmodell besitzt also nur Informationen über die Starttemperatur und den Drehzahl-/Drehmomentverlauf des Zykluses.

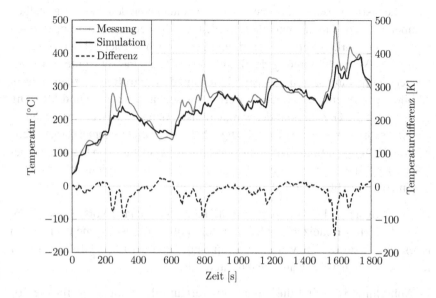

Abbildung 5.10: Vergleich der Temperatur hinter dem Katalysator zwischen Messung und Simulation am WLTC

In Abbildung 5.10 ist der Vergleich zwischen der durchgeführten Simulation und der erzeugten Messung dargestellt. Die simulierte Temperatur zeigt eine sehr hohe Übereinstimmung mit der gemessenen Temperatur auf. Die Simulation liegt über weite Strecken in einem engen Band um die tatsächlich gemessene Temperatur. Bei den in der Messung festzustellenden starken Temperaturerhöhungen kurz vor und kurz nach 300 s, handelt es sich um den schon beschriebenen Light-Off-Effekt. Bei Erreichen der Light-Off-Temperatur (ca. $T = 180\,°C$) findet im Katalysator eine schnelle Umsetzung von Kohlenstoffmonoxid und unverbrannten Kohlenwasserstoffen statt. Die beiden weiteren starken Temperaturerhöhungen bei ca. 800 s und ca. 1600 s sind auf eine zuvor starke Anfettung im motorischen Betrieb zurückzuführen, bei welcher sich eine größere Menge Kohlenmonoxid und unverbrannte Kohlenwasserstoffe am Katalysator ansammelt. Mit anschließendem Sauerstoffüberschuss findet wie zu Beginn ein kurzer Light-Off-Effekt statt, der zu der starken Temperaturerhöhung führt.

Diese hochkomplexen chemischen Prozesse können von dem hier vorgestellten Temperaturmodell nicht abgebildet werden. Da die gemessenen Temperaturen nach diesen starken Temperaturerhöhungen jedoch wieder schnell abfallen, kann trotz Vernachlässigung des Light-Off-Effekts eine sehr gute Vorhersage der Temperatur durch das Simulationsmodell getroffen werden. Die in Abbildung 5.10 eingezeichnete Differenz zwischen Simulation und Messung verdeutlicht die Genauigkeit des Simulationsmodells. Über weite Strecken ist die Abweichung kleiner als 10 K. Lediglich die vier beschriebenen starken Temperaturerhöhungen führen zu einer stärkeren Abweichung von bis knapp über 140 K. Trotz dieser kurzen Ausreißer liegt die mittlere Abweichung (zeitliches arithmetisches Mittel) bei lediglich 14,45 K.

Das wichtigste Ziel des Modells, ist die möglichst genaue Vorhersage, wann ein elektrisches Beheizen des Katalysators notwendig ist. Dementsprechend ist es wichtig zu wissen, wann die Temperatur unter der Light-Off-Temperatur liegt, beziehungsweise wann sie darunter fällt.

In Abbildung 5.11 sind die Temperaturverläufe der Simulation für die ersten 600 s des WLTC abgebildet. Der Kaltstartbereich wird dabei sehr genau vorausgesagt. Das Temperaturmodell berechnet das erste Erreichen der Light-Off-Temperatur bei $t_{sim} = 226$ s, tatsächlich wird die Light-Off-Temperatur aber bei $t_{meas} = 223$ s erreicht. Die Abweichung beträgt demnach lediglich $\Delta t = 3$ s. Nach einer Zykluszeit von $t_{meas} = 492$ s fällt die gemessene Temperatur wieder unter die Light-Off-Schranke, die Simulation berechnet dafür $t_{sim} = 484$ s. Die Abweichung beträgt in diesem Fall $\Delta t = 8$ s.

Die Validierung des Simulationsmodells zur Berechnung der Temperatur nach Katalysator zeigt also eine sehr hohe Übereinstimmung mit der Prüfstandsmessung. Das Modell mit beschränkter Wachstumsfunktion ist in der Lage, den Temperaturverlauf nach Katalysator über den WLTC mit einer mittleren Abweichung von 14,45 K gegenüber der Messung zu simulieren. Diese hohe Genauigkeit ermöglicht es, mittels der Integration des Berechnungsansatzes in die Antriebsstrangsimulation, die voraussichtlichen Phasen des elektrischen Heizens des Katalysators vorherzusagen. Mit Berechnung der notwendigen elektrischen Leistung des beheizten Katalysators kann so der State-of-Charge (SoC) des Hybridfahrzeugs besser approximiert und die Betriebsstrategie genauer auf die jeweilige Fahrsituation angepasst werden.

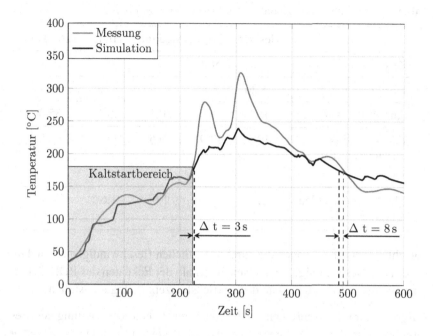

Abbildung 5.11: Vergleich des Erreichens der Light-Off-Temperatur zwischen Messung und Simulation am WLTC

5.2 Worldwide harmonized Light-duty vehicle Test Cycle

Zur ersten vollständigen Untersuchung des Antriebskonzeptes wird der in Abbildung 5.9 dargestellte WLTC Klasse 3, für Fahrzeuge mit einer Leistung oberhalb von 34 kW/t, herangezogen. Dazu werden aus den für die verschiedenen Antriebsstrangkonfigurationen erzeugten Drehzahl- und Drehmomentenverläufen, die benötigten Messwerte am Prüfstand erzeugt. Der WLTC Klasse 3 ist in vier verschiedene Geschwindigkeitsbereiche unterteilt. Diese sind: „Low", „Medium", „High" und „Extra High". Die Unterteilung erfolgt dabei nicht, wie später beim RDE-Zyklus, nach verschiedenen Geschwindigkeitslimits, sondern fest nach vorgegebenen Zeitbereichen, wobei der Zyklus vom Bereich „Low" aus ansteigend bis zum Bereich „Extra High" durchfahren wird.

Tabelle 5.1: Wichtigste Eckdaten des WLTC Klasse 3 Fahrzyklus

Größe	Gesamt	Low	Medium	High	Extra High
Zeit [s]	1800	589	433	455	323
Distanz [km]	23,26	3,1	4,76	7,16	8,25
Anteil (Distanz) [%]	100	13,3	20,5	30,1	35,5
Durchschnitts-geschwindigkeit [km/h]	46,5	18,9	39,5	56,6	92,0
Maximale Beschleunigung [m/s²]	1,6	1,5	1,6	1,6	1,0

Sowohl die Distanz als auch die durchschnittlichen Geschwindigkeiten und die maximalen Beschleunigungen liegen unterhalb der Eckdaten des RDE-Zyklus, weshalb die Anforderungen an das Antriebskonzept geringer ausfallen.

Aufgrund der relativ geringen Zyklusdauer, macht eine Unterteilung der Messergebnisse in die oben angegebenen Bereiche keinen Sinn. Da die Bereiche durch zeitliche Grenzen und nicht durch Geschwindigkeitsgrenzen geteilt sind, treten zu beobachtende Effekte verteilt in allen Bereichen des Zyklus auf. Zur Veranschaulichung werden diese Auffälligkeiten spezifisch dargestellt.

5.2.1 Konventionelles Fahrzeug mit Betriebsartenumschaltung vs. HEV-Konzept

Als konventionelles Fahrzeug mit Betriebsartenumschaltung wird die Endkonfiguration des Vorgängerprojektes „Verbrennungsregelung II" [63] bezeichnet. Diese umfasst einen teilhomogenen Betrieb zwischen $0\,\text{min}^{-1}$ - $2400\,\text{min}^{-1}$ bei einem indizierten Mitteldruck von $0\,\text{bar}$ - $4\,\text{bar}$. Liegen die Drehmomentenanforderungen oberhalb des eben definierten Bereichs, erfolgt eine geregelte Betriebsartenumschaltung zum diffusiven Brennverfahren. Das HEV (Hybrid Electric Vehicle) entspricht dem in Abschnitt 3.1 vorgestellten Antriebskonzept.

Wie in Abbildung 3.32(a) dargestellt und in Abschnitt 3.4.2 erläutert, verschieben sich durch die Phlegmatisierung viele Betriebspunkte in den teilhomogenen

Bereich des Kennfelds. Da bei der Phlemgatisierungsstrategie die elektrische Unterstützung unterhalb der teilhomogenen Betriebsgrenze bei 55 N m geringer ausfällt als bei einer reinen ECMS, kann zu Beginn des Zyklus mehr Energie aus Rekuperationsvorgängen gespeichert werden, als durch die Phlegmatisierung verbraucht wird. Dadurch wird im mittleren Teil des Zykluses zwischen 600 s - 1200 s weniger oft aufgelastet, wodurch sich im mittleren Drehzahl-, Drehmomentbereich des Generatorbetriebs weniger Betriebspunkte befinden. Im hinteren Bereich des Zyklus zwischen 1450 s - 1800 s findet der Hauptteil der Lastpunktverschiebung statt. Dabei wird die im mittleren Teil verwendete elektrische Energie bei erhöhter Drehzahl und angehobenem Drehmoment zurückgewonnen. Zur Übersichtlichkeit sind die Abbildungen des Zyklus in zwei gleich große Zeitabschnitte unterteilt.

Aus beiden Abbildungen ist die Abhängigkeit zwischen den Ruß- und NO_x-Emissionen und der Betriebsart klar ersichtlich. Nach einer ersten starken Beschleunigung am Start des Zyklus, liegen die Stickoxid-Emissionen in großen Teilen des Betriebs unter 30 ppm. In den ersten 1000 s existieren nur zwei starke Anstiege der NO_x-Emissionen, welche aber beide, durch die Umschaltung in den diffusiven Betrieb, aufgrund starker Beschleunigung, erklärt werden können. Zwischen 1150 s - 1250 s und 1500 s - 1800 s finden starke Beschleunigungsfahrten auf ein hohes Geschwindigkeitsniveau statt, wodurch ein längerer diffusiver Betrieb für beide Fahrzeugkonzepte nötigt wird. Äquivalent zu den bisherigen Beobachtungen steigen auch hier die NO_x-Emissionen wieder an. Zwischen 1550 s - 1600 s wird durch das HEV-Konzept eine größere Menge an Stickstoff emittiert als durch das konventionelle Fahrzeug. Die Überhöhung wird durch die oben erläuterte Lastpunktverschiebung erzeugt, das HEV wird im genannten Bereich mit einer Vergleichsweise höheren Drehzahl und einem höheren Drehmoment betrieben. Durch die dadurch ansteigende Motorleistung steigen die Zylindertemperaturen an, was zu vermehrter Erzeugung von Stickoxiden führt. Da die Betriebspunkte aber sehr hoch im Kennfeld liegen, ist die Abgastemperatur dabei so hoch, dass ein SCR-Katalysator die zusätzlich entstehenden Stickoxide problemlos konvertieren könnte. Weil das konventionelle Fahrzeug nicht über eine elektrische Unterstützung verfügt, muss es sehr viel öfter diffusiv betrieben werden, was zu den vermehrt auftretenden ansteigenden Emissionen in den dargestellten NO_x-Verläufen führt(Vergleiche 1200 s - 1250 s und 1325 s - 1375 s).

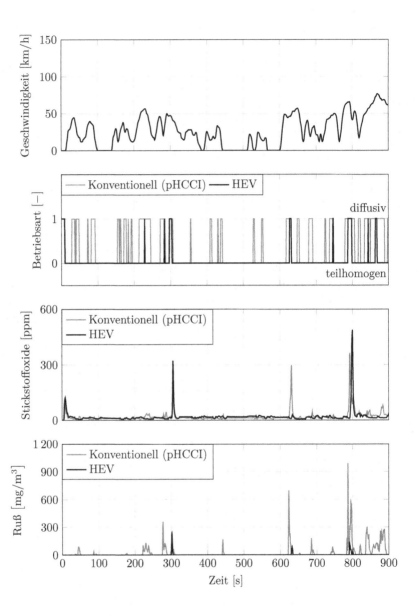

Abbildung 5.12: Ruß- und NO$_x$- Emissionen in den ersten 900 Sekunden des
WLTC

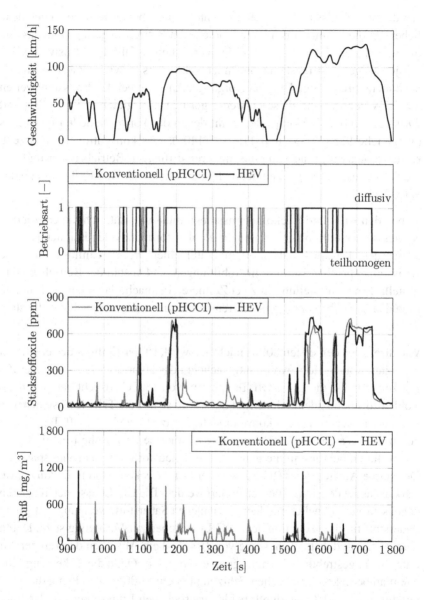

Abbildung 5.13: Ruß- und NO$_x$- Emissionen in den zweiten 900 Sekunden des WLTC

Bei den Ruß-Emissionen werden die Unterschiede beider Konzepte noch deutlicher. Da diese Emissionen im teilhomogenen Betrieb so gering sind, dass sie im Bereich der Messtoleranz des Messgeräts liegen, fällt der diffusive Betrieb des jeweiligen Antriebskonzeptes noch stärker ins Gewicht. Zwar existieren auch hier, durch nötige Umschaltvorgänge, Anstiege bei den Emissionswerten des HEV, jedoch sind diese entweder geringer (Vergleiche 630 s - 640 s und 790 s - 810 s) oder deckungsgleich mit denen des konventionellen Fahrzeugs (Vergleiche 925 s - 935 s und 1120 s - 1140 s). Das konventionelle Fahrzeug emittiert also aufgrund von einer höheren diffusiven Betriebsdauer und vermehrten Umschaltvorgängen deutlich mehr Stickoxide und Ruß während des WLTC.

Neben den Ruß- und Stickoxidemissionen müssen zusätzlich die emittierten Kohlenwasserstoffemissionen und die Kohlenstoffmonoxidemissionen betrachtet werden. Da die Katalysatortemperatur einen großen Einfluss auf beide Emissionstypen hat, ist diese in Abbildungen 5.14 anstatt der Betriebsart dargestellt. Eine Unterteilung in zwei Zeitbereiche macht dabei keinen Sinn, da nach dem Erreichen der Light-Off-Temperatur die emittierten Schadstoffe stark abnehmen.

Wie direkt aus den ersten 800 s ersichtlich wird, ist der Einfluss des elektrisch beheizten Katalysators exorbitant. Nachdem das Hybridfahrzeug bei einer Zykluszeit von 44 s die Light-Off-Temperatur von 180 °C erreicht hat, fallen die Kohlenstoffmonoxidemissionen auf quasi Null ab und die THC-Emissionen werden stark reduziert. Da das konventionelle Fahrzeug die Light-Off-Temperatur erst nach 241 s erreicht und eine starke exotherme chemische Reaktion stattfindet, fallen bei diesem die gemessenen Schadstoffe erst sehr viel später ab. Der starke Anstieg der THC-Emissionen bei 280 s kann durch die kurzzeitig stark ansteigenden Temperaturen erklärt werden. Die CO-Emissionen reagieren dabei sehr viel schneller mit dem vorhandenen Sauerstoff, weshalb nicht genug Sauerstoff für die Oxidation der THC-Emissionen zur Verfügung steht. Durch eine zweite und dritte Zuheizung von 10 s wird ein Absinken der Temperatur unter die angestrebte Temperaturgrenze verhindert. Ohne die Zuheizung fällt, wie man beim konventionellen Fahrzeug bei etwa 600 s sehen kann, die Temperatur unter 180 °C, wodurch beide besprochenen Emissionen wieder stark ansteigen. Durch die höhere Zyklusgeschwindigkeit fallen beide Temperaturen, also sowohl die des Hybridfahrzeugs, als auch die des konventionellen

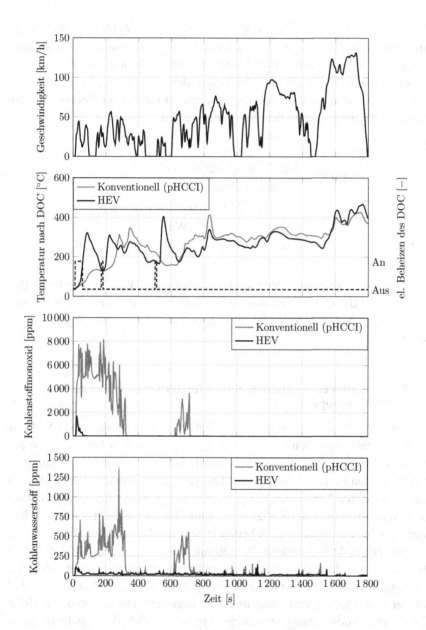

Abbildung 5.14: THC- und CO- Emissionen im WLTC

Fahrzeugs in der Mitte des „Medium" Bereichs des Zyklus bei 800 s nicht unter die Light-Off-Temperatur ab. Deshalb birgt eine genauere Betrachtung der Zeitbereiche danach keinen Mehrwert. Der elektrische Katalysator wird bei den Heizungen jeweils mit 4,5 kW, also der maximal möglichen Leistung, versorgt. Dadurch kann die benötigt Energie und damit der Einfluss auf den Ladezustand der Batterie leicht berechnet werden.

$$\Delta SOC = \frac{\text{Heizleistung} \cdot \text{Heizdauer}}{\text{Batteriekapazität}}$$

$$\Delta SOC = \frac{4500\,W \cdot (44\,s + 10\,s + 10\,s)/3600\,s\,h^{-1}}{2936\,Wh} \qquad \text{Gl. 5.3}$$

$$= 0.027 = 2{,}7\,\%$$

Der elektrische Verbrauch des Katalysators hat mit 80 Wh einen geringen Einfluss auf den Batterieladezustand. Beispielhaft kann durch zweiminütiges Auflasten von 10 Nm bei 2200 min^{-1} die aufgewendete Leistung zurückgewonnen werden.

5.2.2 Konventionelles Fahrzeug mit diffusiver Dieselverbrennung vs. HEV-Konzept

Nachfolgend wird ein konventionelles Fahrzeug mit rein diffusiver Verbrennung mit dem erzeugten Hybridfahrzeug verglichen. Das konventionell diffusive Fahrzeug wird dabei immer diffusiv betrieben, eine Umschaltung zu einem anderen Brennverfahren ist nicht möglich. Da es bauliche Veränderungen am verwendeten Versuchsmotor gibt, ein geringeres Verdichtungsverhältnis und eine Anpassung der Luftstrecke, kann der Motor nicht mehr mit dem vorliegenden Seriensteuergerät betrieben werden. Deshalb wird die, aus dem Vorgängerprojekt entstandene, Betriebsapplikation verwendet [63]. Bei dem Hybridfahrzeug handelt es sich um dasselbe wie im vorangegangen Abschnitt verwendete und in 3.1 definierte Fahrzeug. In Abbildung 5.15 und 5.16 sind wieder die Stickoxid- und Rußemissionen dargestellt. Die Unterteilung erfolgt dabei wie im vorangegangenen Abschnitt in zwei zeitlich gleich große Bereiche.

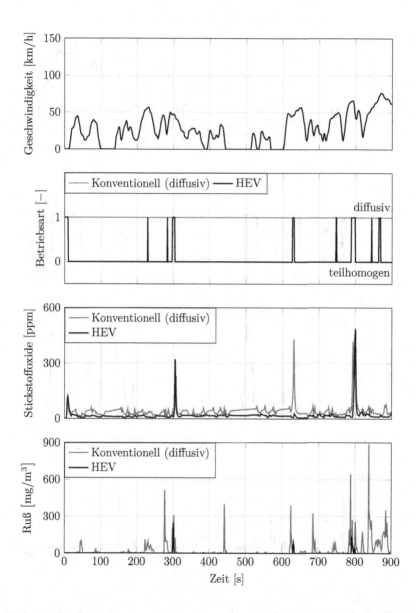

Abbildung 5.15: Ruß- und NO$_x$- Emissionen in den ersten 900 Sekunden des WLTC mit diffusivem Fahrzeug

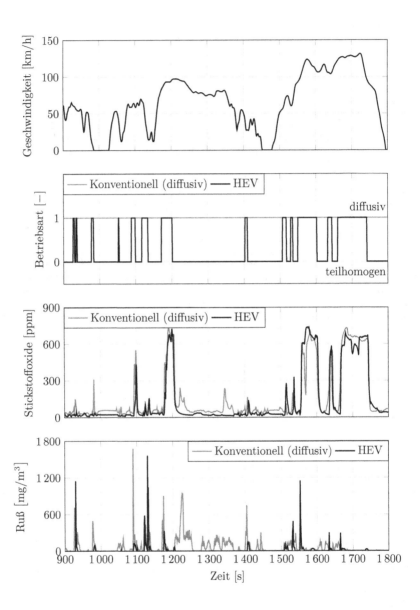

Abbildung 5.16: Ruß- und NO_x- Emissionen in den zweiten 900 Sekunden des WLTC mit diffusivem Fahrzeug

Sofort ersichtlich wird der höhere Ausstoß der Stickoxide. Da das rein diffusiv betriebene Antriebskonzept auch bei extrem geringen Lasten und im Leerlauf nicht von den Vorteilen einer teilhomogenen Verbrennung profitieren kann, werden zu jeder Zeit Stickoxide emittiert. Kommt es zu einem starken Anstieg, ist dieser aufgrund des längeren diffusiven Betriebs und der damit einhergehenden höheren Abgastemperatur meist höher als der äquivalente Anstieg beim Hybridfahrzeug (Vergleiche 290 s - 310 s und 625 s - 645 s. Jedoch zeigt die Auswertung auch, dass es bei einer Umschaltung vom diffusivem zum teilhomogenen Betrieb, aufgrund von kurzzeitigem Sauerstoffüberschuss bei teilhomogener Verbrennung, zu einem überhöhten Stickoxidausstoß kommen kann, was gut zwischen 790 s - 810 s zu erkennen ist.

Bei den Rußemissionen zeichnet sich ein ähnliches Bild ab. Durch den rein diffusiven Betrieb steigen die Ruß-Emissionen etwas an, da diese aber nur bei starker Beschleunigung vermehrt auftreten, sind die Unterschiede zum konventionellen Fahrzeug mit Betriebsartenumschaltung geringer als bei den Stickoxidemissionen.

Da der zweite Teil des Zyklus zwischen 900 s - 1800 s höhere Leistungsanforderungen an das Fahrzeug stellt, und das konventionelle Fahrzeug mit phcci Umschaltung nur im unteren Lastbereich teilhomogen betrieben werden kann, gibt es in diesem Bereich keine Unterschiede zum vorangegangen Abschnitt.

In Abbildung 5.17 sind die THC- und CO-Emission über den ganzen Zyklus dargestellt. Der Ausstoß von Kohlenstoffmonoxid und von Kohlenwasserstoffen ist beim konventionell diffusiven Fahrzeug sehr viel geringer als beim konventionellen Fahrzeug mit Betriebsartenumschaltung, jedoch immer noch weit oberhalb der vom Hybridfahrzeug emittierten Schadstoffe. Die Vorteile des elektrisch beheizten Katalysators überwiegen auch in diesem Beispiel. Nach Erreichen der Light-Off-Temperatur fallen auch beim diffusiv betrieben Fahrzeug die CO-Emissionen auf annähernd Null ab. Bei den Kohlenwasserstoffen kann es aufgrund starker Geschwindigkeitsgradienten und damit kurzzeitiger Anfettung im Motorbetrieb zu einem Anstieg der THC-Emissionen kommen. Dies ist beispielsweise zwischen 1000 s - 1200 s deutlich erkennbar. Das Hybridfahrzeug kann diese Gradienten durch die Phlegmatisierungsstrategie teilweise entschärfen, oder sogar einen vollständig teilhomogenen Betrieb ermöglichen, weshalb es zu weniger Emissionsspitzen kommt. Das Hybridfahrzeug emittiert

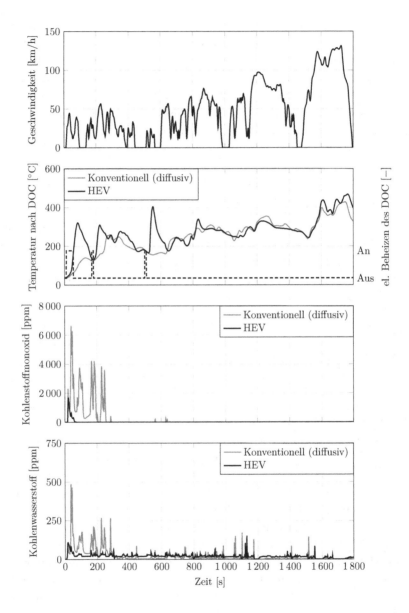

Abbildung 5.17: THC- und CO- Emissionen im WLTC mit diffusivem Fahrzeug

Tabelle 5.2: Wichtigste Eckdaten des RDE-konformen Fahrzyklus

Größe	Gesamt	Stadt	Landstraße	Autobahn
Zeit [s]	5896	3733	1315	848
Distanz [km]	82,7	31,5	26,3	24,9
Anteil (Distanz) [%]	100	38,1	31,8	30,1
Durchschnitts-geschwindigkeit [km/h]	50,05	30,4	72,1	105,7
Durchschnitts-beschleunigung [m/s^2]	0,37	0,48	0,23	0,15

also auf den gesamten Zyklus gesehen weniger der beiden Schadstoffe, obwohl es im teilhomogenen Betrieb zu erhöhten CO- und THC-Rohemissionen kommt.

5.3 Real Driving Emissions-konformer Fahrzyklus

Es existieren weitere verschiedene Fahrzyklen, mit denen Messungen an Fahrzeugkonzepten durchgeführt werden können. Neben dem WLTC sollen deshalb auch die Ergebnisse an einem RDE-konformen Fahrzyklus ausgewertet werden. Dazu wurde ein real gefahrener Fahrzyklus herangezogen, der am Forschungsinstitut für Kraftfahrwesen und Fahrzeugmotoren Stuttgart (FKFS) ausgearbeitet wurde. Das aufgezeichnete Fahrgeschwindigkeitsprofil (siehe Abb. 5.18) wurde als Eingangsgröße für die Antriebsstrangsimulation verwendet. Der Fahrzyklus unterteilt sich grob in drei Bereiche: Stadt, Landstraße und Autobahn. Die drei Bereiche sind fest nach der Geschwindigkeit getrennt: Geschwindigkeiten unter 60 km/h werden dem Stadtbereich, Geschwindigkeiten über 90 km/h dem Autobahnbereich und alles dazwischen dem Landstraßenbereich zugeordnet. Weitere Eckdaten des Zyklus sind in Tabelle 5.2 aufgeführt.

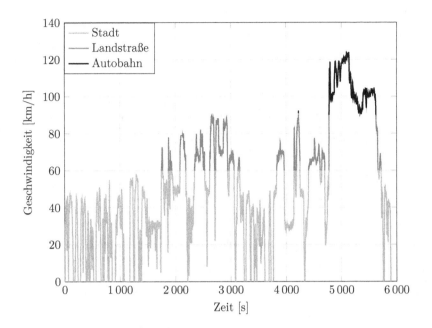

Abbildung 5.18: Geschwindigkeitsprofil des RDE-konformer Fahrzyklus mit den Anteilen Stadt, Landstraße und Autobahn

5.3.1 Konventionelles Fahrzeug mit Betriebsartenumschaltung vs. HEV-Konzept

Beim konventionellen Fahrzeug mit Betriebsartenumschaltung ist der Verbrennungsmotor so appliziert wie am Ende des Vorgängerprojektes Verbrennungsregelung II [63]. Im Drehzahlbereich von $0\,\mathrm{min}^{-1}$ - $2400\,\mathrm{min}^{-1}$ und Mitteldruckbereich von $0\,\mathrm{bar}$ - $4\,\mathrm{bar}$ findet eine teilhomogene Verbrennung statt. Bei Lasten, die darüber liegen, wird eine geregelte Betriebsartenumschaltung in die diffusive Verbrennung durchgeführt. Das Hybridfahrzeugkonzept ist, wie in 3.1 beschrieben ausgeführt.

Der Vergleich zwischen den Betriebspunkten des Verbrennungsmotors beim konventionellen Fahrzeug und beim HEV am RDE ist in Abb. 6.14(a) abgebildet. Wie beim WLTC, wird die Mehrzahl der Betriebspunkte des HEV durch die Unterstützung der elektrischen Maschine, zur Phlegmatisierung des Verbrennungsmotors, in den teilhomogenen Bereich verschoben. Innerhalb des teilhomogenen Bereichs liegen die meisten Punkte auf dem optimalen Drehmoment bei 55 Nm, welcher den höchsten Wirkungsgrad innerhalb des teilhomogenen Bereichs aufweist. Aufgrund des hohen Anteils an elektrisch unterstützten Fahrens muss die Batterie häufiger nachgeladen werden. In Phasen, in welchen nicht phlegmatisiert wird, entscheidet sich die ECMS daher häufiger zu einem höheren Drehmomentenbedarf des Verbrennungsmotors, damit die Batterie durch Auflasten geladen werden kann. Im Motorkennfeld lässt sich das an der Häufung der Punkte im Bereich 100 Nm - 200 Nm außerhalb des teilhomogenen Bereichs feststellen. Nur wenige Betriebspunkte befinden sich im Drehmomentenbereich zwischen 60 Nm - 100 Nm. Die Betriebspunkte des konventionellen Fahrzeugs sind stärker über das Motorkennfeld verstreut.

Stadtteil

Für den Stadtteil wird exemplarisch der Bereich von 0 s - 1600 s betrachtet. In Abb. 5.19(a) sind die gemessenen NO_x- und Ruß-Emissionen für diesen Bereich abgebildet. Ausgenommen von drei Bereichen bleiben die NO_x-Emissionen für das Hybridfahrzeugkonzept dauerhaft unter 30 ppm. Lediglich in den ersten 100 s, bei etwa 650 s und 850 s steigen die NO_x-Emissionen kurzzeitig durch starke Beschleunigungen stärker an. Das konventionelle Fahrzeug verhält sich bei den NO_x-Emissionen bis etwa 700 s ähnlich zu denen des HEV. In dem darauffolgenden Abschnitt kommt es beim konventionellen Fahrzeug jedoch häufiger zu Emissionsspitzen. Diese Emissionsspitzen bei etwa 700 s, 950 s, 1050 s, 1200 s, 1300 s und 1500 s werden durch hohe Zylindermitteldrücke, welche sich aus starken Beschleunigungen bzw. erhöhten Geschwindigkeiten ergeben, verursacht. Bei einem Mitteldruck von 4 bar wird eine geregelte Umschaltung von der teilhomogenen in die diffusive Betriebsart eingeleitet. Hier spielt sich der Vorteil des hybriden Konzepts aus. Es kommt durch die elektrische Unterstützung und Phlegmatisierung weniger oft zu einer Betriebsartenumschaltung und dadurch zu geringeren NO_x- und Ruß-Emissionen. Wirft man einen genaueren Blick auf den Bereich von 800 s - 1600 s, wie in Abb. 5.20 erkennt man die deutlich geringere Anzahl an Umschaltungen des Hybridfahrzeugs im Gegensatz zum konventionellen Fahrzeug. Auch die Dauer innerhalb des diffusiven Betriebs ist bei HEV deutlich geringer. Lediglich eine Umschal-

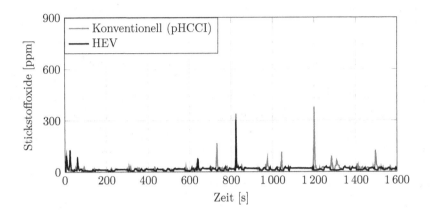

(a) Stickstoffoxide

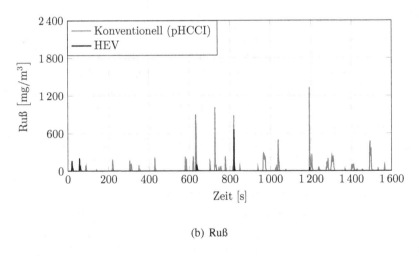

(b) Ruß

Abbildung 5.19: Stickstoffoxid- und Rußemissionen im Stadtteil des RDE-konformen Fahrzyklus

tung bei etwa 850 s bleibt für einen etwas längeren Zeitraum aktiv, was sich in einer NO_x-Spitze von etwa 300 ppm und einer Ruß-Spitze von etwa 600 mg/m^3 äußert.

Die Ruß-Emissionen in Abb. 5.19(b) zeigen ein noch deutlicheres Bild: Das Hybridfahrzeug hat über weite Strecken des Stadtteils, keinerlei messbare Ruß-Emissionen. Durch die elektrische Unterstützung kann das HEV fast dauerhaft im teilhomogenen Betrieb fahren und muss nur bei einigen wenigen starken Beschleunigungen in den diffusiven Betrieb umschalten. Dies äußert sich in Ruß-Spitzen bei etwa 50 s, 650 s, 850 s und 1200 s. Das konventionelle Fahrzeug muss deutlich öfters in den diffusiven Betrieb schalten und dort auch länger verweilen. Dadurch sind die Ruß-Emissionen hier deutlich höher im Vergleich zum HEV.

Das elektrische Beheizen des DOC zeigt einen enormen Einfluss auf die CO- und THC-Emissionen. Ausgenommen von den Kaltstart-Emissionen in den ersten 100 s sind die CO-Emissionen für den Rest des Zyklus (auch über den Stadtteil hinaus) nahezu verschwunden (siehe Abb. 5.21). Für die schnelle Umsetzung der CO-Emissionen, wird der elektrisch beheizte DOC gleich zu Beginn des Zyklus für 42 s mit 4,5 kW beheizt, sodass die Temperatur im Katalysator schnell die Light-Off-Temperatur von etwa 180 °C erreicht. Beim HEV kann so bereits nach 42 s der Light-Off erreicht werden, wohingegen beim konventionellen dieser erst bei ca. 390 s erreicht wird. Durch die elektrische Unterstützung und den deutlich höheren Anteil im teilhomogenen Brennbereich fällt die Abgastemperatur beim HEV deutlich schneller ab als beim konventionellen Fahrzeug, sodass ein mehrmaliges Nachheizen des Katalysators notwendig ist. Von 240 s - 250 s, 505 s - 515 s und 1190 s - 1200 s ist das erneute Beheizen des Katalysators notwendig. Für den Rest des Zyklus ist die exotherme Energie aus der katalytischen Umwandlung ausreichend, um die Light-Off-Temperatur zu gewährleisten. Wie bei CO zeigt die elektrische Beheizung des Katalysators einen großen Einfluss auf die HC-Emissionen. Die Kaltstartemissionen können dadurch sehr stark reduziert werden. Die langen Phasen im teilhomogenen Betrieb in Kombination mit der nicht idealen Umsetzung von Kohlenwasserstoffen im Katalysator führen zu einem insgesamt höheren Niveau an HC-Emissionen im Vergleich zu den CO-Emissionen.

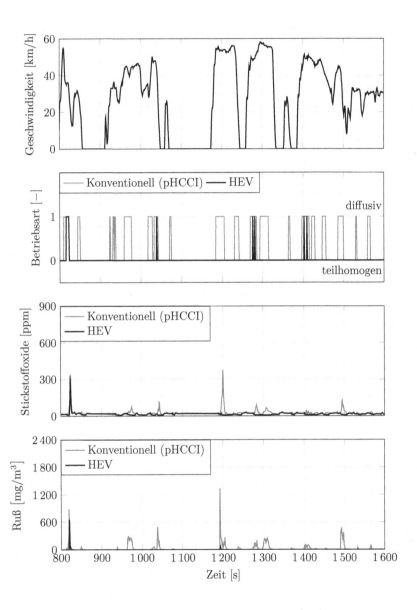

Abbildung 5.20: Genauer Blick auf Stickstoffoxid- und Rußemissionen im Stadtteil des RDE-konformen Fahrzyklus

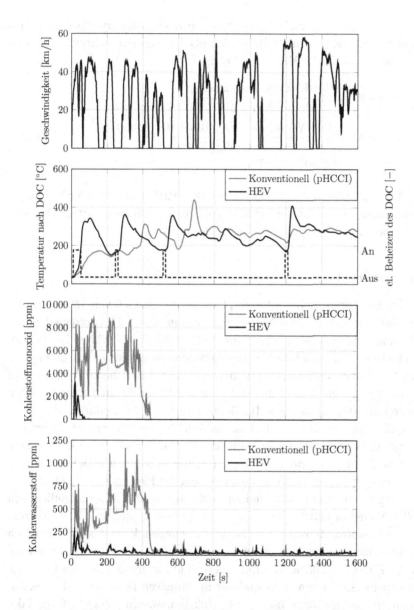

Abbildung 5.21: Kohlenmonoxid- und Kohlenwasserstoffemissionen im Stadtteil des RDE-konformen Fahrzyklus

Um den Energieverbrauch des elektrisch beheizten Katalysators besser beurteilen zu können, wird im Folgenden der Einfluss der Beheizung auf den Ladezustand (SOC) des HEV berechnet:

$$\Delta SOC = \frac{\text{Heizleistung} \cdot \text{Heizdauer}}{\text{Batteriekapazität}}$$

$$\Delta SOC = \frac{4500\,\text{W} \cdot (42\,\text{s} + 10\,\text{s} + 10\,\text{s} + 10\,\text{s})/3600\,\text{s}\,\text{h}^{-1}}{2936\,\text{Wh}} \qquad \text{Gl. 5.4}$$

$$= 0.0307 = 3{,}07\,\%$$

Die Beheizung des Katalysators für den 48 V-HEV verbraucht 3,07 % der gesamten Batteriekapazität, die während des Zyklus durch Lastpunktverschiebung des Verbrennungsmotors wieder aufgeladen wird.

Landstraßenteil

Für den Landstraßenteil wird exemplarische der Bereich von 1800 s - 3200 s betrachtet. Die gemessenen NO_x-Emissionen in Abb. 5.22(a) zeigen deutlich mehr und höhere Ausschläge als im Stadtteil des RDE-Zyklus. Die höhere Geschwindigkeits- und Beschleunigungsanforderung führt zu einem transienteren Betrieb des Verbrennungsmotors und dadurch zu höheren Zylinder- und Abgastemperaturen. Beide Fahrzeugkonzepte erfahren dadurch einen stärkeren Ausstoß an NO_x-Emissionen. Im Bereich 1800 s - 2900 s emittiert der HEV durch die Unterstützung der elektrischen Antriebsmaschine und der Phlegmatisierung des Verbrennungsmotors weniger NO_x. Im Bereich um 3000 s hingegen lastet das Hybridfahrzeug auf, um die Batterie zu laden, was sich in höheren NO_x-Emissionen gegenüber dem konventionellen Fahrzeug auswirkt. Die Betrachtung des emittierten Ruß im Landstraßenteil in Abb. 5.23 verdeutlicht den großen Vorteil des HEV im Gegensatz zum konventionellen Fahrzeug. Trotz höherer Geschwindigkeiten und Beschleunigungen, kann das HEV deutlich öfters und länger im teilhomogenen Bereich betrieben werden, was sich günstig auf die Ruß-Emissionen auswirkt. Diese sind für große Teile des Landstraßenbetriebs auf 0 mg/m^3 und sind nur in diffusiven Phasen messbar. Selbst in den diffusiven Phasen bleiben die Ruß-Emissionen jedoch aufgrund der kürzeren Verweildauer geringer als beim konventionellen Fahrzeug. Aufgrund des höheren Geschwindigkeitsniveaus und des ständigen Wechsels zwischen

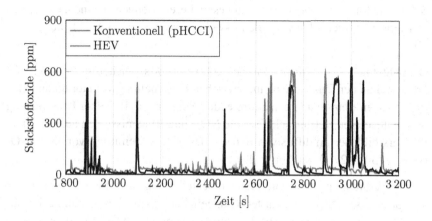

(a) Stickstoffoxide

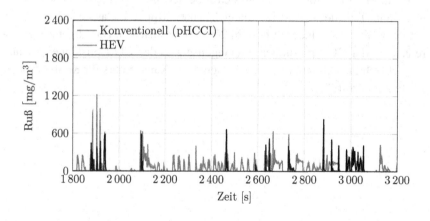

(b) Ruß

Abbildung 5.22: Stickstoffoxid- und Rußemissionen im Landstraßenteil des RDE-konformen Fahrzyklus

Stadt- und Landstraßenbetrieb kommt es in diesem Bereich zu einem häufigeren Betriebsartenwechsel sowohl beim konventionellen Fahrzeug als auch beim HEV.

Betrachtet man den Bereich zwischen 2600 s - 2800 s genauer wie in Abb. 5.23, erkennt man den Zusammenhang zwischen Umschaltung vom teilhomogenen in diffusiven Betrieb und den auftretenden Emissionen. Bei einer Umschaltung in den diffusiven Betrieb schlagen die NO_x- und Rußemissionen aus. Je länger die Verweildauer im diffusiven Betrieb, desto stärker emittiert vor allem NO_x (siehe 2730 s - 2760 s in Abb. 5.23).

Da der Verbrennungsmotor im Landstraßenteil durch ein höheres Geschwindigkeitsprofil als im Stadtteil belastet wird, befindet sich die Temperatur nach Katalysator weit über der Light-Off-Temperatur, wodurch die CO-Emissionen nach DOC nahezu vollständig im Katalysator umgesetzt werden (siehe Abb. 5.24). Auch die HC-Emissionen befinden sich auf einem niedrigen Niveau und bleiben über weite Teile des Landstraßenbereichs unter 50 ppm. Es lassen sich lediglich einige wenige Ausschläge auf bis zu 200 ppm ausmachen. Das allgemein höhere Niveau der HC-Emissionen, im Gegensatz zu den CO-Emissionen, ist auf den schlechteren Umsetzungswirkungsgrad des Katalysators für Kohlenwasserstoffe zurückzuführen.

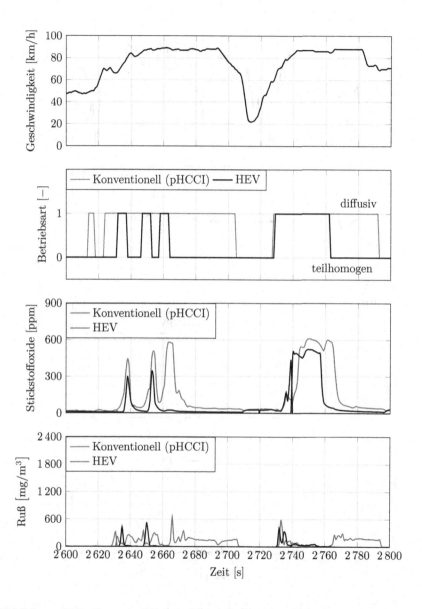

Abbildung 5.23: Genauer Blick auf Stickstoffoxid- und Rußemissionen im Landstraßenteil des RDE-konformen Fahrzyklus

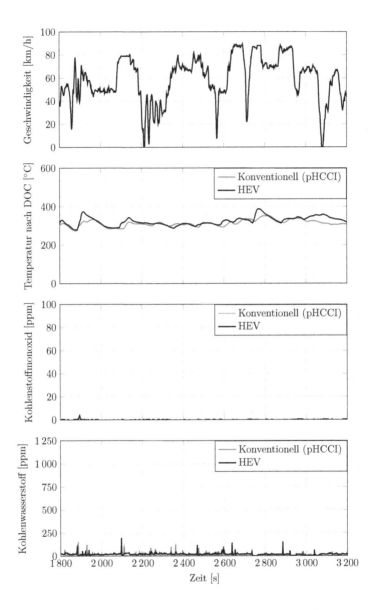

Abbildung 5.24: Kohlenmonoxid- und Kohlenwasserstoffemissionen im Landstraßenteil des RDE-konformen Fahrzyklus

Autobahnteil

Der Autobahnteil erstreckt sich von etwa 4700 s - 5700 s. Von allen Abschnitten des Zyklus treten im Autobahnteil die meisten NO_x-Emissionen auf (vergleiche 5.25). Durch die lange Verweildauer auf einem hohen Geschwindigkeitsniveau treten hier die höchsten Zylinder- und Abgastemperaturen auf. Die hohen Brennkammertemperaturen führen zur Bildung von hohen NO_x-Emissionen durch den Zeldovich-Mechanismus, der vor allem bei hohen Temperaturen stark zum Tragen kommt. In dieser Phase hat das HEV keinen Vorteil mehr gegenüber dem konventionellen Fahrzeug, da der Drehmoment-/Drehzahlbedarf zu hoch ist, um den Verbrennungsmotor im teilhomogenen Bereich zu betreiben, und die elektrische Maschine den Verbrennungsmotor nicht mehr in diesen Bereich schieben kann. Zudem entscheidet sich die ECMS in dieser Phase dafür, eine Lastpunktverschiebung des Verbrennungsmotors durchzuführen, um die Batterie wieder aufzuladen, dementsprechend steigt die Last des Verbrennungsmotors zusätzlich an. Besonders der Abschnitt 5500 s - 5600 s verdeutlicht diesen Aspekt. Das HEV muss hier aufgrund der hohen Verbrennerlast in den diffusiven Betrieb umschalten und hier lange verweilen. Die höhere Last im Vergleich zum konventionellen Fahrzeug führt zu deutlich höheren NO_x-Emissionen.

Dadurch, dass es dem HEV selbst im Autobahnteil noch gelingt, den Verbrennungsmotor in einigen Abschnitten im teilhomogenen Bereich zu betreiben, treten bei über der Hälfte des Autobahnabschnitts keine Ruß-Emissionen auf (siehe Abb. 5.25). In den Phasen, in welcher der Verbrennungsmotor in den diffusiven Betrieb umschaltet, entscheidet sich die ECMS meist für eine Lastpunktverschiebung hin zu höheren Lasten des Verbrennungsmotors, um die Batterie wieder aufzuladen. Das führt im diffusiven Betrieb zu höheren Ruß-Emissionen des HEV im Vergleich zum konventionellen Fahrzeug.

Wie auch im Landstraßenteil, treten im Autobahnteil keinerlei CO-Emissionen mehr auf. Die hohe Last am Verbrennungsmotor führt zu ausreichend hohen Abgastemperaturen, sodass die Light-Off-Temperatur, auch ohne Beheizen des Katalysators, sichergestellt ist. Die HC-Emissionen sind hier besonders niedrig, da durch den höheren Anteil an diffusivem Betrieb deutlich weniger unverbrannte Kohlenwasserstoffe auftreten, als im teilhomogenen Betrieb.

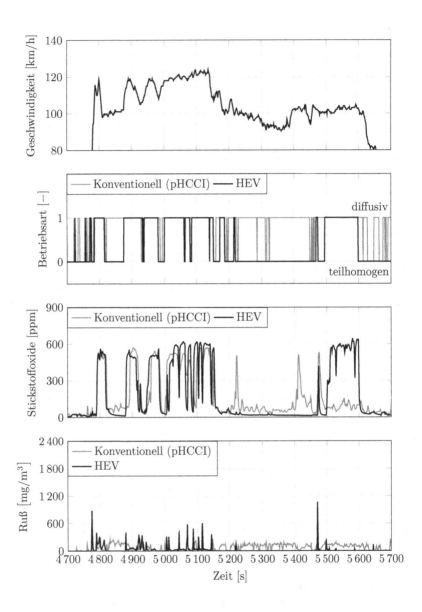

Abbildung 5.25: Stickstoffoxid- und Rußemissionen im Autobahnteil des RDE-konformen Fahrzyklus

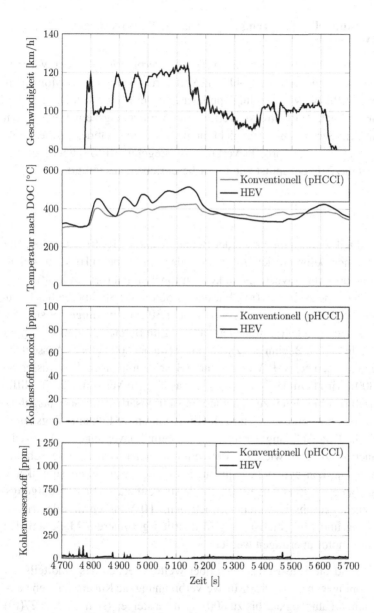

Abbildung 5.26: Kohlenmonoxid- und Kohlenwasserstoffemissionen im Autobahnteil des RDE-konformen Fahrzyklus

5.3.2 Konventionelles Fahrzeug mit diffusiver Dieselverbrennung vs. HEV-Konzept

Beim konventionellen Fahrzeug mit diffusiver Verbrennung ist der Verbrennungsmotor für den ganzen Drehzahl- und Mitteldruckbereich (bzw. Momentenbereich) eine diffusive Verbrennung appliziert. Da der Motor baulich verändert wurde (Niederdruck-AGR-Strecke, verringertes Verdichtungsverhältnis), ist ein Betrieb mit dem Seriensteuergerät nicht möglich. Es wird stattdessen die Applikation aus dem Vorgängerprojekt Verbrennungsregelung II [63] übernommen. Das Hybridfahrzeugkonzept ist wie in 3.1 beschrieben, ausgeführt.

Stadtteil

Für den Stadtteil wird exemplarisch der Bereich von 0 s - 1600 s betrachtet. Die NO_x-Emissionen befinden sich im Stadtteil des Zyklus beim HEV auf einem allgemein niedrigeren Niveau als im konventionellen Fahrzeug mit diffusiver Verbrennung (siehe Abb. 5.27(a)). Für den Großteil des Stadtbereiches befinden sich beim HEV die NO_x-Emissionen unter 30 ppm, wohingegen sich die NO_x-Emissionen beim konventionellen Fahrzeug im Bereich 30 ppm - 100 ppm befinden. Lediglich zu Beginn des Zyklus und etwa bei 800 s gibt es Ausschläge der NO_x-Emissionen beim HEV durch starke Beschleunigungen. Der Ausschlag bei etwa 800 s wird beim HEV durch die etwas längere Verweildauer im diffusiven Betrieb (im Vergleich zu den anderen Betriebsartenwechsel) ausgelöst, wie man in Abb. 5.28 erkennen kann. Die Emissionsspitze fällt allerdings durch die elektrische Unterstützung geringer aus als beim konventionellen Fahrzeug, da auch nach kurzer Zeit wieder in den teilhomogenen Betrieb umgeschaltet werden kann. Das konventionelle Fahrzeug hat zudem zwei weitere signifikante Ausschläge bei etwa 750 s und 1200 s. Beide sind auf starke Beschleunigungsvorgänge zurückzuführen, welche jedoch beim HEV durch die elektrische Unterstützung und Phlegmatisierung in deutlich geringerem Maße auf den Verbrennungsmotor übertragen werden.

Beim HEV sind die Ruß-Emissionen über weite Strecken des Stadtteils auf $0 \, mg/m^3$, wohingegen durch die diffusive Verbrennung die Rußemissionen beim konventionellen Fahrzeug auf bis zu $800 \, mg/m^3$ ansteigen (siehe Abb. 5.27(b)). Der Vorteil des HEV-Konzept spielt sich hier in besonderer Weise aus, da durch den zusätzlichen elektrischen Antrieb und die Phlegmatisierung des

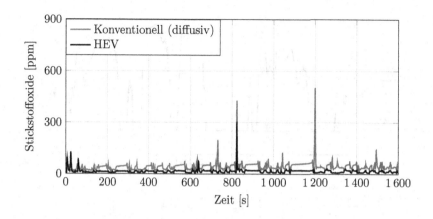

(a) Stickstoffoxide

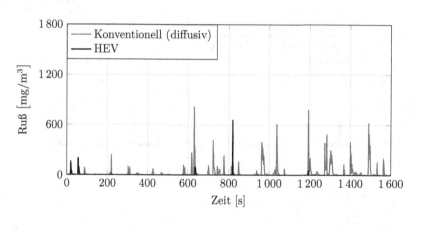

(b) Ruß

Abbildung 5.27: Stickstoffoxid- und Rußemissionen im Stadtteil des RDE-konformen Fahrzyklus

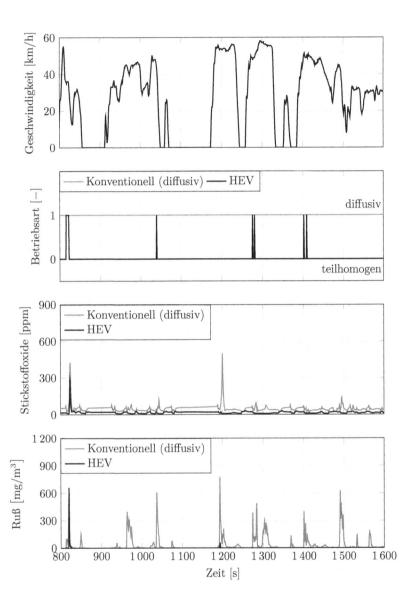

Abbildung 5.28: Genauer Blick auf Stickstoffoxid- und Rußemissionen im Stadtteil des RDE-konformen Fahrzyklus

Verbrennungsmotors, dieser über weite Teile des Stadtbetriebs innerhalb des teilhomogenen Bereichs betrieben wird. Für das Hybridfahrzeug gibt es lediglich zu Beginn zwei kurze Ausschläge der Ruß-Emissionen und dann noch eine signifikante Emissionsspitze bei etwa 800 s. Dieser tritt etwa zeitgleich mit der NO_x-Emissionsspitze auf und ist auch auf die Umschaltung in den diffusiven Betrieb und dortige Verweildauer zurückzuführen.

Durch die elektrische Beheizung des Katalysators fallen die CO- und THC-Emissionen nach dem Kaltstart zügig ab (siehe Abb. 5.29). Die Light-Off-Temperatur wird nach 42 s erreicht, was zur vollständigen Umsetzung der CO-Emissionen und zu einer hohen Umsetzungsrate der HC-Emissionen führt. Durch die elektrische Unterstützung und den deutlich höheren Anteil im teilhomogenen Brennbereich, fällt die Abgastemperatur beim HEV schneller ab, als beim konventionellen Fahrzeug, sodass ein mehrmaliges Nachheizen des Katalysators notwendig ist. Von 240 s - 250 s, 505 s - 515 s und 1190 s - 1200 s ist das erneute Beheizen des Katalysators notwendig. Für den Rest des Zyklus ist die exotherme Energie aus der katalytischen Umwandlung ausreichend, um die Light-Off-Temperatur zu gewährleisten. Die langen Phasen im teilhomogenen Betrieb in Kombination mit der nicht idealen Umsetzung von Kohlenwasserstoffen im Katalysator, führen zu einem insgesamt höheren Niveau an HC-Emissionen im Vergleich zu den CO-Emissionen. Nach Gl. 5.4 benötigt die Beheizung des Katalysators 3,07 % der gesamten Batteriekapazität, die während des Zyklus durch Lastpunktverschiebung des Verbrennungsmotors wieder aufgeladen wird. Das konventionelle Fahrzeug hat durch die fehlende Beheizung des DOC einen deutlich ausgeprägteren Kaltstartbereich mit höheren und längeren CO- und HC-Emissionsspitzen. Der Light-Off wird hier erst bei etwa 380 s erreicht, kann sich jedoch ab diesem Zeitpunkt, aufgrund der heißeren diffusiven Verbrennung, über den Zyklus halten. Die CO-Emissionen sinken wie beim HEV auf 0 ppm und die HC-Emissionen auf meist unter 50 ppm. Die HC-Emissionen sind beim HEV aufgrund der langen Phasen im teilhomogenen Betrieb und den dadurch verbundenen höheren HC-Rohemissionen auf einem höheren Niveau als beim konventionellen Fahrzeug mit diffusiver Verbrennung.

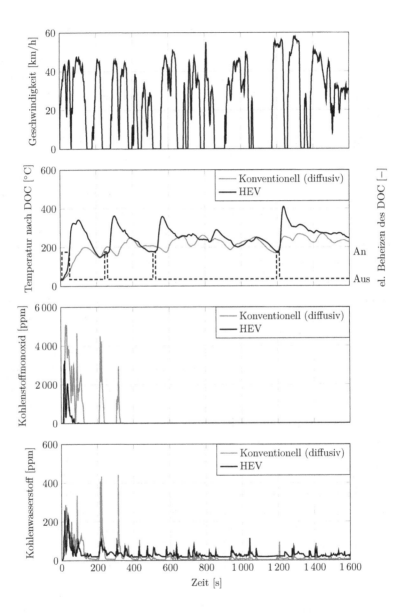

Abbildung 5.29: Kohlenmonoxid- und Kohlenwasserstoffemissionen im Stadtteil des RDE-konformen Fahrzyklus

Landstraßenteil

Für den Landstraßenteil wird exemplarische der Bereich von 1800 s - 3200 s betrachtet. Im Vergleich zum Stadtteil steigen durch das höhere Geschwindigkeitsniveau und die dadurch verbundene höhere Belastung des Verbrennungsmotors die NO_x-Emissionen an. Im Vergleich zum konventionellen Fahrzeug hat das HEV jedoch insgesamt geringere NO_x-Emissionen, da der Verbrennungsmotor durch die elektrische Unterstützung entlastet wird. Die meisten Emissionsspitzen treten für beide Fahrzeugkonzepte gleichzeitig auf, jedoch hat das HEV durchgängig niedrigere Maximalemissionen (siehe Abb. 5.31). Lediglich bei etwa 2900 s emittiert das Hybridfahrzeug mehr NO_x, da der Verbrennungsmotor aufgelastet wird, um die Batterie zu laden. Der Bereich zwischen 2600 s - 2800 s in Abb. 5.23 zeigt den Zusammenhang zwischen Umschaltungen vom teilhomogenen in den diffusiven Betrieb und die damit verbundenen Emissionen. Bei einer Umschaltung in den diffusiven Betrieb schlagen die NO_x- und Rußemissionen aus. Je länger die Verweildauer im diffusiven Betrieb, desto stärker emittiert vor allem NO_x.

Die Rußemissionen des HEV sind über weite Teile des Landstraßenbereichs bei 0 mg/m³ durch den großen Anteil an teilhomogenen Betrieb. Damit ergibt sich einen signifikanter Vorteil gegenüber dem konventionellen Fahrzeug, das durch den diffusiven Betrieb und die hohen Geschwindigkeiten mehr Ruß ausstößt. Durch meist lediglich kurzen Umschaltungen des HEV in den diffusiven Betrieb (siehe Abb. 5.31) bleiben die summierten Ruß-Emissionen niedriger als beim konventionellen Fahrzeug. Es treten zwar kurzzeitig höhere Emissionsspitzen auf, jedoch mit deutlich geringerer Verweildauer.

Durch das höhere Geschwindigkeitsniveau im Landstraßenteil, arbeitet der Verbrennungsmotor bei höheren Lasten und hat damit höhere Abgastemperaturen. Diese befinden sich weit über der Light-Off-Temperatur von etwa 180 °C, wodurch die CO-Emissionen vollständig im Katalysator umgesetzt werden können (siehe Abb. 5.32). Das konventionelle Fahrzeug hat aufgrund der heißeren diffusiven Verbrennung auch keine messbaren CO-Emissionen. Die HC-Emissionen werden bei beiden Fahrzeugkonzepten zwar nicht vollständig, aber mit einer hohen Umsetzungsrate konvertiert. Das konventionelle Fahrzeug hat durch die heißere diffusive Verbrennung geringere HC-Rohemissionen als das HEV, welcher noch über weite Teile im teilhomogenen Bereich betrieben wird.

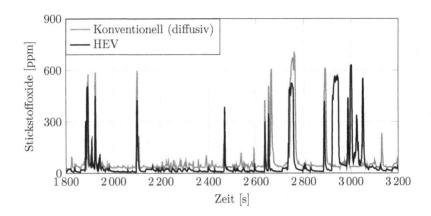

(a) Stickstoffoxide

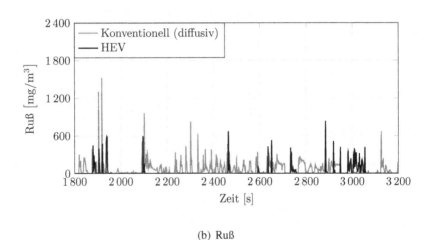

(b) Ruß

Abbildung 5.30: Stickstoffoxid- und Rußemissionen im Landstraßenteil des RDE-konformen Fahrzyklus

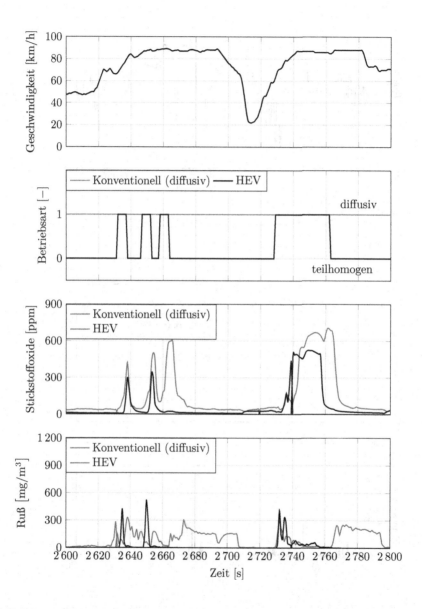

Abbildung 5.31: Genauer Blick auf Stickstoffoxid- und Rußemissionen im Landstraßenteil des RDE-konformen Fahrzyklus

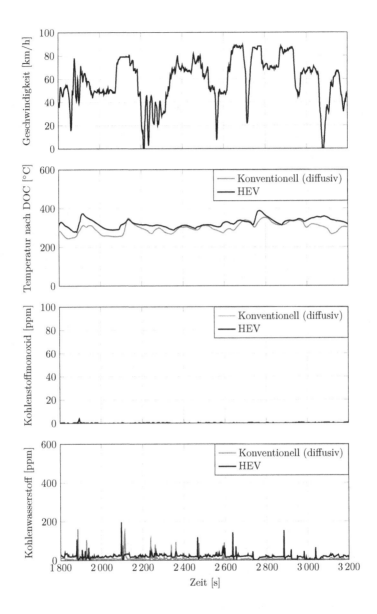

Abbildung 5.32: Kohlenmonoxid- und Kohlenwasserstoffemissionen im Landstraßenteil des RDE-konformen Fahrzyklus

Autobahnteil

Der Autobahnteil erstreckt sich von etwa 4700 s - 5700 s. Durch die sehr hohen Geschwindigkeiten über eine lange Dauer, fährt das Hybridfahrzeug im Autobahnteil deutlich öfter und länger im diffusiven Betrieb als im Stadt- und Landstraßenbereich. Durch die hohen Zylindertemperaturen im Verbrennungsmotor entstehen aufgrund des Zeldovich-Mechanismus im Autobahnteil die meisten NO_x-Emissionen, sowohl beim konventionellen Fahrzeug als auch beim HEV (siehe Abb. 5.33). Das Hybridfahrzeug kann im Autobahnbetrieb keinen Vorteil mehr gegenüber dem konventionellen Fahrzeug hinsichtlich der NO_x-Emissionen mehr ausspielen. Zwar hat das HEV bis etwa 5500 s allgemein etwas niedrigere Emissionen, im Bereich 5150 s - 5500 s sogar signifikant niedriger, jedoch wird der Verbrennungsmotor im Bereich 5500 s - 5650 s stark aufgelastet, was zu hohen NO_x-Emissionen im Vergleich zum konventionellen Fahrzeug führt.

Über etwa die Hälfte des Autobahnteils wird das Hybridfahrzeug im teilhomogenen Bereich betrieben, wodurch hierbei keine Ruß-Emissionen entstehen (siehe 5.33). In den Phasen, in welchen der Verbrennungsmotor in den diffusiven Betrieb umschaltet, entscheidet sich die ECMS meist für eine Lastpunktverschiebung hin zu höheren Lasten des Verbrennungsmotors, um die Batterie wieder aufzuladen. Das führt im diffusiven Betrieb zu höheren Ruß-Emissionen des HEV im Vergleich zum konventionellen Fahrzeug. Insgesamt kann aber eine deutliche Reduktion der Ruß-Emissionen wahrgenommen werden.

Im Autobahnteil treten bei beiden Fahrzeugkonzepten nahezu keine messbaren CO-Emissionen mehr auf. Die hohe Last am Verbrennungsmotor führt zu ausreichend hohen Abgastemperaturen, sodass die Light-Off-Temperatur, auch ohne Beheizen des Katalysators, sichergestellt werden kann. Die HC-Emissionen sind hier besonders niedrig, da durch den höheren Anteil an diffusivem Betrieb deutlich weniger unverbrannte Kohlenwasserstoffe auftreten, als im teilhomogenen Betrieb. Dadurch hat das konventionelle Fahrzeug mit diffusiver Verbrennung, wie in allen Abschnitten, ein niedrigeres HC-Emissionsniveau als das HEV.

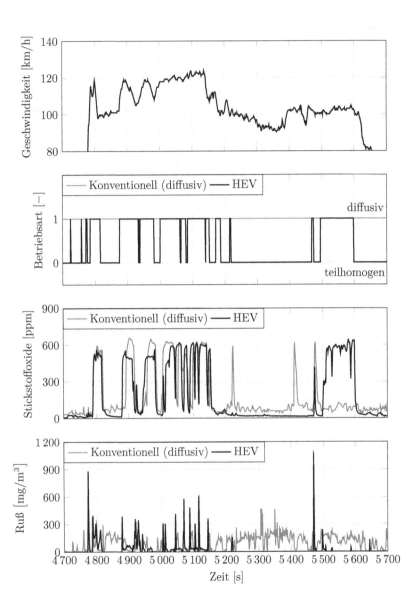

Abbildung 5.33: Stickstoffoxid- und Rußemissionen im Autobahnteil des RDE-konformen Fahrzyklus

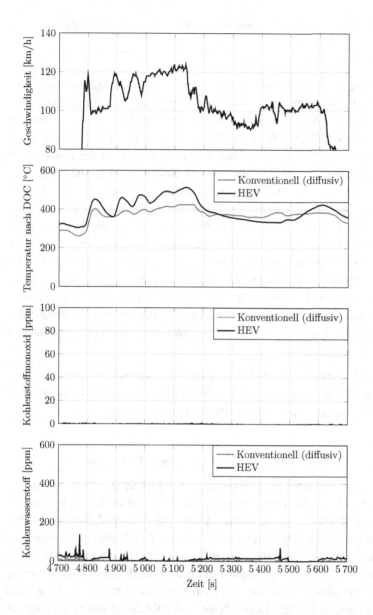

Abbildung 5.34: Kohlenmonoxid- und Kohlenwasserstoffemissionen im Autobahnteil des RDE-konformen Fahrzyklus

5.4 Kraftstoffverbrauch und spezifische Abgasemissionen

5.4.1 Einleitung

Zur Bewertung moderner Fahrzeugkonzepte wird meist der Kraftstoffverbrauch und die spezifischen Abgasemissionen als Vergleichswert herangezogen. Um die Messergebnisse der Abgasemissionen besser einordnen zu können, werden die emittierten Schadstoffe über den Zyklus deshalb in die für Abgasnormen typische Einheit mg/km umgerechnet. Dazu werden die in der Einheit ppm gemessenen Abgasemissionen (Stickstoffoxid, Kohlenmonoxid und Kohlenwasserstoff) zunächst nach der UN/ECE-Regelung Nr. 49 in g/h umgerechnet. Die Umrechnung der Rußemissionen von mg/m^3 nach g/h wird nach [33] durchgeführt. Für jeden Emissionstyp wird nun die gesamte emittierte Masse über den Zyklus gebildet und anschließend durch die Länge des Zyklus geteilt. Dadurch erhält man die spezifische Abgasemission für jeden Emissionstyp in mg/km. Da für die Umrechnungen einige Annahmen getroffen werden müssen (Korrekturfaktoren, Molmassenverhältnisse, etc.), können keine quantitativ vergleichbaren Ergebnisse mit bspw. Zertifizierungen gemacht werden. Die nachfolgenden Ergebnisse sollen lediglich eine Tendenz zeigen und vor allem untereinander vergleichbar sein.

Der Kraftstoffverbrauch wird über eine einfache Kraftstoffwaage gemessen. Die gezeigten Werte sind nur qualitativ zu verstehen, da für eine genaue Kraftstoffmessung eine genauere Messmethode vonnöten wäre.

5.4.2 Worldwide harmonized Light-duty vehicle Test Cycle

Die Kraftstoffverbräuche der drei verglichenen Konzepte sind in Tabelle 5.3 dargestellt. Das Hybridfahrzeug verbraucht im Vergleich zu den beiden anderen Konzepten deutlich weniger Kraftstoff. Durch die geringen Leistungsanforderungen und die geringe Dauer der Fahrt bei hoher Geschwindigkeit, schneidet das konventionelle Fahrzeug mit Betriebsartenumschaltung besonders schlecht ab. Die niedrigen Geschwindigkeiten und Geschwindigkeitsgradienten ermöglichen einen vermehrten teilhomogenen Betrieb mit schlechterem Wirkungsgrad als beim diffusiven Betrieb. Dadurch steigt der Kraftstoffverbrauch auch im direkten Vergleich zu einem rein diffusiven Fahrzeug an. Durch die Rückgewinnung von Bremsenergie, den optimierten teilhomogenen Betrieb und die elektrische Unterstützung kann der Kraftstoffverbrauch beim Hybridfahrzeug optimiert werden. Da das Hybridfahrzeug im unteren Lastbereich mit Hilfe von elektrischer Energie den optimalen teilhomogenen Betriebspunkt auswählt, muss diese elektrische Energie später wieder gewonnen werden. Durch Auflasten des Verbrennungsmotors kann die Rückgewinnung der verbrauchten Energie bei einem günstigen Wirkungsgrad erfolgen, was den Gesammtverbrauch senkt.

Tabelle 5.3: Vergleich des Kraftstoffverbrauchs der drei Fahrzeugkonzepte

Fahrzeugkonzept	Kraftstoffmasse [g]	Verbrauch [l/100 km]	Veränderung [%]
Hybridfahrzeug	1185	6,13	-
Konventionelles Fahrzeug (pHCCI)	1379	7,15	+16,37
Konventionelles Fahrzeug (diffusiv)	1283	6,65	+8,27

Die Ergebnisse zum Verbrauch des Hybridfahrzeugkonzeptes sind hervorragend, jedoch muss beachtet werden, dass der WLTC nur eine Annäherung an die Realität darstellt, sowohl die Geschwindigkeiten als auch die Beschleunigungen sind eher moderat, was dem vorgestellten Konzept sehr zu Gute kommt.

Neben dem reinen Kraftstoffverbrauch werden auch noch die von den jeweiligen Fahrzeugkonzepten emittierten Schadstoffe verglichen. In Tabelle 5.4 sind die Emissionen aller gemessenen Schadstoffe in mg/km für die jeweiligen Konzepte dargestellt. Wie beim Kraftstoffverbrauch, schneidet auch hier das Hybridfahrzeug mit Abstand am besten ab. Im Vergleich zum konventionellen Fahrzeug mit Betriebsartenumschaltung sinken die NO_x-Emissionen um 9,38 %, die Ruß-Emissionen um 69,96 %, die CO-Emissionen um 99,38 % und die THC-Emissionen um 85,82 % ab. Wie man in Abbildung 5.13 sehen kann, werden die meisten NO_x-Emissionen des Hybridfahrzeugs zwischen 1100 s - 1300 s und 1500 s - 1800 s emittiert. Weshalb das Hybridfahrzeug im Stadtbetrieb sogar nur 51,00 mg/km NO_x ausstößt. Die bei höheren Temperaturen entstehenden Stickoxid-Emissionen können dabei, wie in Abschnitt 5.4.3 erläutert, leicht durch einen SCR-Katalysator umgewandelt werden.

Tabelle 5.4: Spezifische Abgasemissionen [mg/km] über den WLTC für das konventionelle Fahrzeug und das HEV

Fahrzeugkonzept	NO_x[1]	Ruß[1]	CO	THC
Konventionelles Fahrzeug (pHCCI)	478,91	121,65	1594,06	307,47
Hybridfahrzeug	434	36,54	9,93	43,59
Konventionelles Fahrzeug (diffusiv)	508,87	145,51	462,97	75,78

[1] Rohemissionen

Im Vergleich zum konventionellen Fahrzeug mit rein diffusivem Brennverfahren sinken die NO_x-Emissionen um 14,71 %, die Ruß-Emissionen um 74,89 %, die CO-Emissionen um 97,86 % und die THC-Emissionen um 42,48 % ab. Die Reduktionsverhältnisse zwischen Hybridfahrzeug, konventionellem Fahrzeug mit Betriebsartenumschaltung und konventionellem Fahrzeug mit rein diffusivem Brennverfahren verhalten sich dabei wie erwartet. Da beim Fahrzeug mit Betriebsartenumschaltung erhöhte CO- und THC-Emissionen im teilhomogenen Betrieb entstehen, fällt die Schadstoffreduktion des Hybridfahrzeugs prozentual bei diesen Emissionstypen höher aus. Durch die verringerte diffusive Betriebszeit sind die prozentualen Verbesserungen der NO_x- und Rußemissionen zwischen dem Hybridfahrzeug und dem Fahrzeug mit Betriebsartenumschaltung geringer als zwischen dem Hybridfahrzeug und dem rein diffusiv betriebenen Fahrzeug.

Zusammenfassend sind die Ergebnisse des Hybridfahrzeugs vom Verbrauch bis hin zu den Emissionen ausgezeichnet, da, wie oben erläutert, der WLTC aber einen eher kurzen Zyklus mit eher passiver Fahrweise darstellt, findet die Auswertung der gemessenen Daten ebenfalls für den RDE statt.

Tabelle 5.5: Vergleich des Kraftstoffverbrauchs der drei Fahrzeugkonzepte am RDE

Fahrzeugkonzept	Kraftstoffmasse [g]	Verbrauch [l/100 km]	Veränderung [%]
Hybridfahrzeug	4300	6,26	-
Konventionelles Fahrzeug (pHCCI)	4417	6,43	+2,72
Konventionelles Fahrzeug (diffusiv)	4196	6,11	-2,42

5.4.3 Real Driving Emissions-konformer Fahrzyklus

Neben den WLTC-Ergebnissen werden ebenfalls die RDE-Ergebnisse genauer betrachtet. In Tabelle 5.5 wird der Kraftstoffverbrauch der drei Fahrzeugkonzepte verglichen. Das Hybridfahrzeugkonzept kann gegenüber dem konventionelles Fahrzeug mit Betriebsartenumschaltung eine Senkung des Kraftstoffverbrauchs um 2,72 % erzielen. Gegenüber dem konventionellen Fahrzeug mit rein diffusiver Verbrennung ist eine leichte Erhöhung um 2,42 % festzustellen. Grund dafür ist der hohe Anteil an phlegmatisierter Fahrt, wodurch besonders viel elektrische Leistung benötigt wird. Diese wird vor allem im Autobahnteil durch Auflasten wieder zurückgewonnen.

In Tabelle 5.6 sind die spezifischen Abgasemissionen für die Bereiche Stadt, Landstraße und Autobahn sowie für den gesamten Zyklus dargestellt. Es werden die drei Fahrzeugkonzepte konventionelles Fahrzeug mit Betriebsartenumschaltung (pHCCI/diffusiv), konventionelles Fahrzeug mit rein diffusiver Verbrennung und das Hybridfahrzeugkonzept aus Kap. 3.1 verglichen.

Im Vergleich zum konventionelles Fahrzeug mit Betriebsartenumschaltung kann das HEV im Stadtbetrieb alle Emissionsarten senken. Die Stickstoffoxide sinken um 13,99 %, Ruß sinkt um 82,16 %, Kohlenmonoxid sinkt um 96,03 % und Kohlenwasserstoffe sinken um 59,38 %. Gegenüber dem konventionellen Fahrzeug mit rein diffusiver Verbrennung sinken die Stickstoffoxide im Stadtteil um 54,65 %, Ruß um 85,34 % und Kohlenmonoxid um 80,04 %. Die Kohlenwasserstoffe sind dagegen durch den höheren Anteil an teilhomogener Fahrt und der nicht idealen Umsetzung im Katalysator um 91,09 % erhöht. Vor allem

Tabelle 5.6: Spezifische Abgasemissionen [mg/km] über den RDE-konformen Fahrzyklus für das konventionelle Fahrzeug und das HEV

Bereich	Fahrzeugkonzept	NO_x[1]	Ruß[1]	CO	THC
Stadt	Konventionelles Fahrzeug (pHCCI)	111,01	75,89	1614,87	331,44
	Konventionelles Fahrzeug (diffusiv)	210,54	92,39	326,28	70,45
	Hybridfahrzeug	95,48	13,54	64,03	134,62
Landstraße	Konventionelles Fahrzeug (pHCCI)	189,86	155,61	0,24	24,77
	Konventionelles Fahrzeug (diffusiv)	213,44	161,21	15,88	1,17
	Hybridfahrzeug	158,41	62,75	0,13	50,77
Autobahn	Konventionelles Fahrzeug (pHCCI)	480,42	153,06	0,20	5,59
	Konventionelles Fahrzeug (diffusiv)	525,97	182,05	1,10	3,36
	Hybridfahrzeug	608,47	104,01	0,11	18,69
Gesamt	Konventionelles Fahrzeug (pHCCI)	247,62	124,71	609,99	134,97
	Konventionelles Fahrzeug (diffusiv)	306,54	141,48	122,67	32,74
	Hybridfahrzeug	270,21	56,58	24,22	72,82

[1] Rohemissionen

der Kaltstartbereich schlägt hier besonders ins Gewicht. Mit einem Vorheizen des elektrischen Katalysators könnten diese weitestgehend umgesetzt werden und die Kohlenwasserstoffemissionen würden drastisch sinken.

Im Landstraßenteil sinken die Stickstoffoxide im Vergleich zum konventionelles Fahrzeug mit Betriebsartenumschaltung um 16,56 %, Ruß um 59,67 % und Kohlenmonoxid um 45,8 %. Die Kohlenwasserstoffe sind im Vergleich etwa doppelt so hoch, jedoch kombiniert mit den Stickstoffoxiden noch unter dem aktuellen Grenzwert der Euro-6d-Temp Norm. Gegenüber dem konventionellen Fahrzeug mit rein diffusiver Verbrennung kann eine Reduktion der Stickstoffoxide um 25,78 %, von Ruß um 61,08 % und von Kohlenmonoxid um 99,18 % erzielt werden. Die Kohlenwasserstoffemissionen sind beim konventionellen Fahrzeug mit rein diffusiver Verbrennung besonders niedrig, da durch die hohen Zylindertemperaturen nahezu keine unverbrannten Kohlenwasserstoffe entstehen.

Im Autobahnabschnitt sind im Vergleich zum konventionellen Fahrzeug mit Betriebsartenumschaltung die Stickstoffoxidemissionen um 26,65 % erhöht, da das Hybridfahrzeug in diesem Abschnitt besonders viel auflastet, um die Batterie zu laden. Die Rußemissionen sind um 32,05 % und die Kohlenmonoxide um 45 % reduziert. Die Kohlenwasserstoffe sind für beide Konzepte auf einem niedrigen Niveau, beim Hybridfahrzeug jedoch durch den höheren Anteil an teilhomogenem Betrieb erhöht. Gegenüber dem konventionellen Fahrzeug mit rein diffusiver Verbrennung sind auch hier, durch den hohen Anteil an Auflastbetrieb, die Stickstoffoxidemissionen um 15,69 % erhöht. Die Rußemissionen sinken um 42,87 % und die Kohlenmonoxidemissionen um 90 %. Auch hier sind die Kohlenwasserstoffemissionen für das konventionelle Fahrzeug mit rein diffusiver Verbrennung geringer.

Auf den gesamten Fahrzyklus sind gegenüber dem konventionelles Fahrzeug mit Betriebsartenumschaltung die Rußemissionen um 54,63 %, die Kohlenmonoxidemissionen um 96,02 % und die Kohlenwasserstoffemissionen um 46,05 % reduziert. Die Stickstoffoxidemissionen sind zwar um 9 % erhöht, jedoch emittieren diese vor allem im Autobahnabschnitt. Im Vergleich zum konventionellen Fahrzeug mit rein diffusiver Verbrennung kann auf den gesamten Fahrzyklus eine Reduktion der Stickstoffoxidemissionen um 11,85 %, der Rußemissionen um 60,01 % und der Kohlenmonoxidemissionen um 80,26 % erzielt werden. Die

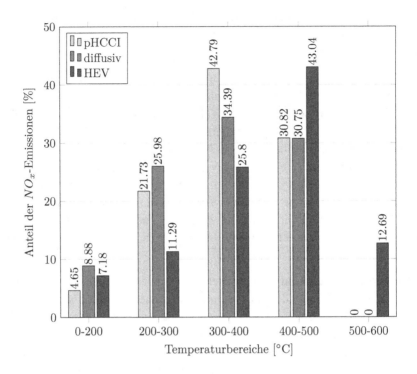

Abbildung 5.35: Anteil der Stickstoffoxidemissionen einzelner Temperaturbereiche bezogen auf die insgesamt emittierten Stickstoffoxide

unverbrannten Kohlenwasserstoffe sind beim Hybridfahrzeug deutlich höher,
durch den Anteil an teilhomogenem Betrieb, insbesondere im Kaltstartbereich.
Kombiniert mit den Stickstoffoxiden liegen diese jedoch noch unter dem aktuellen Grenzwert der Euro-6d-Temp Norm.

Besonders hervorzuheben ist die Verschiebung der Stickstoffoxid-Emissionen hin zu Phasen hoher Geschwindigkeitsanforderungen und damit hoher Abgastemperaturen. Dadurch ergibt sich ein für den Einsatz eines SCR-Katalysators optimales Temperaturniveau, welches bei ausreichend hohen Temperaturen hohe Umsetzungsraten erzielen kann. In Abb. 5.35 sind die anteiligen Stickstoffoxidemissionen einzelner Temperaturbereiche auf die insgesamt emittierten Stickstoffoxide dargestellt. Die Verschiebung der Stickstoffoxidemissionen zu hohen Temperaturbereichen beim HEV ist hier deutlich zu erkennen. Über 55 % aller Stickstoffoxidemissionen werden bei Temperaturen über 400 °C ausgestoßen und liegen damit in einem idealen Bereich für den Einsatz eines SCR-Katalysators.

Dem Hybridfahrzeugkonzept gelingt die Senkung aller Schadstoffemissionen in Phasen geringer Geschwindigkeitsanforderungen, bei gleichzeitiger Verschiebung der Stickstoffoxidemissionen in Phasen hoher Geschwindigkeitsanforderungen. Mit einem Vorheizen das Katalysators vor Motorstart könnten die erhöhten Kohlenwasserstoffemissionen gegenüber dem konventionellen Fahrzeug mit rein diffusiver Verbrennung nochmals deutlich gesenkt werden. Der elektrisch beheizte Katalysator kann zudem die Kohlenmonoxid- und Kohlenwasserstoffemissionen vor allem gegenüber dem konventionellen Fahrzeug mit Betriebsartenumschaltung drastisch senken. Die Rußemissionen sind beim HEV über alle Bereiche gegenüber beiden konventionellen Fahrzeugen deutlich reduziert.

6 Zusammenfassung und Ausblick

Die verschärften Emissionsrichtlinien der Europäischen Union erschweren den Betrieb von Fahrzeugen mit einem rein oder teilweise verbrennungsmotorischen Antriebskonzept immer weiter. Sowohl eine Reduktion des Kraftstoffverbrauchs als auch verminderte Emissionen stehen im Mittelpunkt der Anforderungen. Ein Fahrzeug mit partiell teilhomogenem Dieselmotor vereint die positiven Eigenschaften des Dieselmotors mit gleichzeitig reduziertem Ausstoß von Ruß und Stickoxiden. Jedoch steigen die Kohlenstoffmonoxid und Kohlenwasserstoffemissionen auch aufgrund fallender Abgastemperaturen an.

Das in der Dissertationsschrift beschriebene Vorwärtsmodell ermöglicht eine genaue Potentialanalyse des partiell teilhomogenen Dieselmotors im elektrifizierten Antriebsstrang, weshalb die vorliegende Arbeit in großen Anteilen den genauen Aufbau und die Funktionsweise des erzeugten Modells beschreibt. Neben den verschiedenen Untermodellen, wie dem Fahrerregler, dem Längsdynamikmodell, der Batterie und dem Fahrzyklus, wird vor allem die Betriebsstrategie des Antriebsstrangkonzeptes genauer betrachtet. Erst durch die Kombination aus zwei differenzierten Betriebsstrategien, der ECMS und der Phlegmatisierungsstrategie, kann der optimale Betrieb des Antriebskonzeptes gewährleistet werden. Die ECMS sorgt bei diffusivem Betrieb für eine Minimierung des Kraftstoffverbrauchs, während die Phlegmatisierungsstrategie im teilhomogenen Betrieb zur Minimierung der Schadstoffentstehung führt. Da bei einem Hybridfahrzeug stets die in der Batterie gespeicherte verfügbare Energie berücksichtigt werden muss, darf der elektrischen Verbrauch des zusätzlich eingesetzten elektrisch beheizten Katalysators nicht vernachlässigt werden. Das dafür erzeugte Temperaturmodell zeigt nur geringe Abweichungen zu experimentell bestimmten Temperaturverläufen auf, wodurch die benötigten Zuheizphasen präzise abgeschätzt werden können. Aus den parallelisierten Optimierungsstrategien entstehen drei verschieden Betriebsbereiche des Antriebskonzepts. Liegt die angeforderte Last im teilhomogenen Betriebsbereich des Verbrennungsmotors, erfolgt ein phlegmatisierter, teilhomogenisierter Betrieb. Durch die verringerten Gradienten greift die Druckgradientenregelung weniger oft in die Verbrennung ein, was zu verringerten CO- und THC-Emissionen führt. Liegt eine Lastpunktanforderung oberhalb des teilhomogenen Bereichs, wobei die verwendete E-Maschine die Differenz zwischen der Anforderung und dem maximal möglichen teilhomogenen Moment noch aufbringen kann, erfolgt ein stationärer Betrieb des Verbrennungsmotors an der oberen Grenze des teilhomogenen Bereichs. Die erhöhte teilhomogene Betriebsdauer führt zu einer direkten Reduktion der emittierten Stickoxide und des Rußes. Die E-Maschine fängt das zusätzliche Drehmoment dabei so lange ab, bis sie an eine vorgegebene Leistungsgrenze stößt und der dritte Betriebsbereich erreicht wird. Dabei liegt die Lastpunktanforderung so hoch, dass ein teilhomogener Betrieb auch mit elektrischer Unterstützung nicht voll umfänglich gewährleistet werden kann. Der Verbrennungsmotor wird dann in den diffusiven Betrieb umgeschaltet und eine ECMS entscheidet über den Gewählten Gang und die Momentenaufteilung zwischen E-Maschine und Verbrennungsmotor. Daraus resultiert ein minimierter Kraftstoffverbrauch bei gleichzeitig optimaler Ausnutzung der Batterieladung. Der eingesetzte elektrisch beheizte Katalysator sorgt für die optimale Umsetzung der CO- und THC-Emissionen, sowie für einen schnelleren Aufheizvorgang beim Start des Verbrennungsmotors. Zur Validierung des Temperaturmodells und zur besseren Applikation der Betriebsstrategien werden verschiedene Grundlagenmessungen an einem OM642 Versuchsmotor durchgeführt. Die Arbeit beleuchtet dabei die nötigen Umbauten und den Versuchsaufbau, der zum Erzeugen der angestrebten Messdaten benötigt wird.

Zusätzlich zur simulativen Betrachtungsweise der gegebenen Problemstellungen wird das Erfüllen der Zielsetzungen weiterhin experimentell durch verschiedene Zyklusfahrten verifiziert. Unterteilt wird dabei in WLTC- und RDE-Untersuchungen. Im direkten Vergleich der beiden Zyklen schneidet der WLTC mit hervorragenden Ergebnissen ab. Während der gesamten Zyklusfahrt können alle Schadstoffemissionen und der Kraftstoffverbrauch gleichzeitig verringert werden. Zusätzlich zu einer reinen Reduktion der Stickoxidemissionen werden diese durch das vorliegende Antriebskonzept in Betriebsbereiche mit heißen Abgastemperaturen verschoben, wodurch der zusätzliche Einsatz eines SCR-Katalysator vereinfacht werden kann.

Da die Geschwindigkeitsgradienten und die Dauer des RDE-Zyklus weit oberhalb der, des WLTCs liegen, schneidet das Antriebsstrangkonzept beim RDE-Zyklus etwas weniger gut ab. Jedoch wird der Ausstoß aller Schadstoffe immer noch stark verringert. Der Kraftstoffverbrauch steigt im Vergleich zu einem konventionell diffusiven Fahrzeug jedoch leicht, um 2,42 %, an. Der steigende Kraftstoffverbrauch resultiert durch den schlechteren Wirkungsgrad im teilhomogenen Betrieb, und eine stark vergrößerte Betriebsdauer in diesem Bereich, wobei die Vorteile der Schadstoffreduktion auch hier überwiegen.

Durch den verringerten Zeitabschnitt, der benötigt wird, um die Light-Off-Temperatur des Dieseloxidationskatalysators zu erreichen, wird in allen vorliegenden Prüfstandfahrten der Ausstoß von CO- und THC-Emissionen stark reduziert, obwohl beide Rohemissionen beim teilhomogenen Brennverfahren vermehrt emittiert werden.

Die Arbeit zeigt das große Potential des teilhomogenen Brennverfahrens im elektrifizierten Antriebsstrang auf, wobei alle aus dem modifizierten Brennverfahren hervorgehenden Problemstellungen gelöst werden konnten. Vor allem für großvolumige Verbrennungsmotoren kann ein hybridisierter, teilhomogener Betrieb in Innenstädten sinnvoll sein, um die lokal ausgestoßenen Emissionen des jeweiligen Fahrzeugs zu minimieren. Durch das vorgestellte Konzept kann die Brücke zwischen großer Reichweite und lokaler Emissionsminderung aufgespannt werden. Die Vorteile des Antriebsstrangkonzepts überwiegen den Aufwand dabei klar. Jedoch sollte zur genaueren Untersuchung des Antriebsstrangkonzepts der Einfluss eines SCR-Katalysators untersucht werden, womit die End-Off-Pipe Emissionen weiter reduziert werden können. Zusätzlich können weitere Prüfstandsmessungen mit einer vorliegenden E-Maschine und der dazu benötigten Leistungselektronik sinnvoll sein, da diese im Rahmen der vorliegenden Arbeit nur simulativ berücksichtigt werden. Da ein großer Teil der CO- und THC-Emissionen beim Start des Motors freigesetzt werden, kann eine vorausschauende elektrische Beheizung des Abgasstrangs die Schadstoffreduktion weiter verbessern. Neben dem reinen Einfluss sollte dabei der große elektrische Verbrauch, der mit einer Vorheizung einhergeht, berücksichtigt werden. Zusätzlich wird eine Strategie benötigt, die entscheidet, wann und unter welchen Umständen vorgeheizt wird.

Literaturverzeichnis

[1] AUERBACH, Christian: *Zylinderdruckbasierte Mehrgrößenregelung des Dieselmotors mit teilhomogener Verbrennung*, Universität Stuttgart, Dissertation, 2016

[2] BAEHR, Hans D. ; KABELAC, Stephan: *Thermodynamik - Grundlagen und technische Anwendungen*. 15. Springer-Verlag Berlin Heidelberg, 2012. – ISBN 978-3-642-24161-1

[3] BALIGA, B. J.: *Advanced High Voltage Power Device Concepts*. 1. Springer-Verlag New York, 2012. – ISBN 978-1-4614-0268-8

[4] BALIGA, B. J.: *Fundamentals of Power Semiconductor Devices*. 2. Springer International Publishing, 2019. – ISBN 978-3-319-93987-2

[5] BARGENDE, Prof. D. M.: Grundlagen der Fahrzeugantriebe - 2. Auflage Wintersemester 2019/2020 Band 2 / Institut für Verbrennungsmotoren und Kraftfahrwesen, Universität Stuttgart. 2019. – Forschungsbericht

[6] BASSHUYSEN, Richard van ; SCHÄFER, Fred: *Handbuch Verbrennungsmotor - Grundlagen · Komponenten · Systeme · Perspektiven*. 8. Springer Vieweg © Springer Fachmedien Wiesbaden GmbH, 2017. – ISBN 978-3-658-10901-1

[7] BAUMGARTEN, C.: *Mixture Formation in Internal Combustion Engines*. Springer Berlin Heidelberg, 2006. – ISBN 978-3-540-30835-5

[8] BECK, Sebastian A.: *Beschreibung des Zündverzuges von dieselähnlichen Kraftstoffen im HCCI-Betrieb*, Universität Stuttgart, Dissertation, 2012

[9] BELLMAN, Richard E.: *Dynamic Programming*. 6. Princeton University Press, 1957. – ISBN 0-691-07951-X

[10] BERTSEKAS, Dimitri P.: *Dynamic Programming and Optimal Control*. 3. Athena Scientific, 2005. – ISBN 978-1886529267

© Der/die Herausgeber bzw. der/die Autor(en), exklusiv lizenziert an
Springer Fachmedien Wiesbaden GmbH, ein Teil von Springer Nature 2023
J. M. Klingenstein, *Potentialanalyse zum Einsatz teilhomogener Verbrennung
im elektrifizierten Antriebsstrang*, Wissenschaftliche Reihe Fahrzeugtechnik
Universität Stuttgart, https://doi.org/10.1007/978-3-658-40961-6

[11] BISSETT, Edward J.: Mathematical model of the thermal regeneration of a wall-flow monolith diesel particulate filter. In: *Chemical Engineering Science* 39 (1984), Nr. 7, S. 1233–1244. – ISSN 0009-2509

[12] BLAABJERG, F. ; JAEGER, U. ; MUNK-NIELSEN, S. ; PEDERSEN, J.K.: Comparison of NPT and PT IGBT-devices for hard switching applications. In: *Proceedings of 1994 IEEE Industry Applications Society Annual Meeting, IEEE*, Oktober 1994, S. 1174–1181

[13] CANOVA, M.: Battery and Fuel Cell Systems for Electrified Vehicles. In: *Stuttgart International Summer School Mobility.* 2015

[14] DANISCH, R. ; GOPPELT, G.: Der neue Toyota Prius. In: *Automobiltechnische Zeitschrift.* März 2004

[15] DIETMAR SCHMIDT, Dr. rer. nat.: Motorische Verbrennung und Abgase - 3. Auflage / Institut für Fahrzeugtechnik, Universität Stuttgart. 2019. – Forschungsbericht

[16] DIGESER, Steffen ; ERDMANN, Mario ; GULDE, Franz-Paul ; MÜHLEISEN, Thomas ; SCHOMMERS, Joachim ; TATZEL, Roland: Der neue Dreizylinder-Dieselmotor von Mercedes Benz für Smart und Mitsubish. In: *Motortechnische Zeitschrift MTZ.* September 2005

[17] DOLL, G. ; FAUSTEN, H. ; NOELL, R. ; SCHOMMERS, J. ; SPENGEL, C. ; WERNER, P.: Der neue V6-Dieselmotor von Mercedes-Benz. In: *Motortechnische Zeitschrift MTZ.* Januar 2005

[18] DOLL, G. ; SCHOMMERS, J. ; LINGENS, A. ; AL.: et: Der Motor OM642 - Ein kompaktes, leichtes und universelles Hochleistungsaggregat von Mercedes-Benz. In: *26. Internationales Wiener Motorensymposium*, 2005

[19] FIGER, Günter: *Homogene Selbstzündung und Niedertemperaturbrennverfahren für direkteinspritzende Dieselmotoren mit niedrigsten Partikel und Stickoxidemissionen*, Technische Universität Graz, Dissertation, 2003

[20] FISCHER, R. ; FRAIDL, G. K. ; HUBMANN, C. ; KAPUS, P. E. ; KUNZEMANN, R. ; B.SIFFERLINGER ; BESTE, F.: Range-Extender-Modul

- Wegbereiter für elektrische Mobilität. In: *Motortechnische Zeitschrift*. Oktober 2009

[21] GLASSMAN, Irvin ; YETTER, Richard A.: *Combustion*. 4. Academic Press, 2008. – ISBN 978-0-12-088573-2

[22] GMBH, AVL L.: *AVL MICRO SOOT SENSOR*. : AVL List GmbH (Veranst.), 2008

[23] GMBH, JÄGER COMPUTERGESTEUERTE M.: *ADwin-Pro,-Pro II: System and hardware description*. : JÄGER COMPUTERGESTEUERTE MESSTECHNIK GMBH (Veranst.), 2005

[24] GMBH, SCHAEFFLER E.: *PROtroniC TopLINE - All-Rounder for Rapid Control Prototyping - Hardwarebeschreibung*. : SCHAEFFLER ENGINEERING GMBH (Veranst.), 2013

[25] GRANT, Duncan A. ; GOWAR, John: *Power mosfets: Theory and applications*. John Wiley & Sons Inc, 1989. – ISBN 9780471828679

[26] HARTMANN, B. ; RENNER, C.: Autark, Plug-In oder Range Extender? Ein simulationsgestützter Vergleich aktueller Hybridfahrzeugkonzepte. In: *18. Kolloqium Fahrzeug- und Motorentechnik, Aachen*, 2009

[27] HOFMANN, Peter: *Hybridfahrzeuge - Ein alternatives Antriebssystem für die Zukunft*. 2. Springer-Verlag Wien, 2014. – ISBN 978-3-7091-1779-8

[28] J. FERZIGER, R. S.: *Numerische Strömungsmechanik*. Springer Vieweg Berlin, Heidelberg, 2008

[29] JANG, Jinyoung ; YANG, Kiseon ; YEOM, Kitae ; BAE, Choongsik ; OH, Seungmook ; KANG, Kernyong: Improvement of DME HCCI engine performance by fuel injection strategies and EGR. In: *SAE International Journal of Fuels and Lubricants* 1 (2008), 04

[30] JOOS, Franz: *Technische Verbrennung*. Springer-Verlag Berlin Heidelberg, 2006. – ISBN 10 3-540-34333-4

[31] KELLNER, Sven L.: *Parameteridentifikation bei permanenterregten Synchronmaschinen*, Universität Erlangen-Nürnberg, Dissertation, 2012

[32] KHANNA, Vinod K.: *Insulated gate bipolar transistor, IGBT: Theory and design.* 1. Wiley-IEEE Press, 2003. – ISBN 978-0471238454

[33] KOZUCH, Peter: *Ein phänomenologisches Modell zur kombinierten Stickoxid- und Rußberechnung bei direkteinspritzenden Dieselmotoren,* Universität Stuttgart, Dissertation, 2004

[34] KREMSER, Andreas: *Elektrische Maschinen und Antriebe - Grundlagen, Motoren und Anwendungen.* 2. Vieweg+Teubner Verlag, 2004. – ISBN 978-3-663-01252-8

[35] LANGENHEINECKE, K.: *Thermodynamik für Ingenieure.* 10. Springer Vieweg, 2017

[36] LUTZ, Josef: *Halbleiter-Leistungsbauelemente: Physik, Eigenschaften, Zuverlässigkeit.* 2. Springer-Verlag Berlin Heidelberg New York, 2006. – ISBN 978-3540342069

[37] MENON, Rishi ; AZEEZ, Najath A. ; KADAM, Arvind H. ; WILLIAMSON, Sheldon S.: Energy loss analysis of traction inverter drive for different PWM techniques and drive cycles. In: *IEEE International Conference on Industrial Electronics for Sustainable Energy Systems (IESES), IEEE,* Januar 2018, S. 201–205

[38] MERKER ; SCHWARZ ; STIESCH ; OTTO: *Verbrennungsmotoren: Grundlagen, Verfahrenstheorie, Konstruktion.* 2. Springer-Verlag Berlin Heidelberg, 1995. – ISBN 978-3-642-79115-4

[39] MERKER, Günter P. ; SCHWARZ, Christian ; TEICHMANN, Rüdiger: *Grundlagen Verbrennungsmotoren.* 5. Vieweg+Teubner Verlag, 2011. – ISBN 978-3-8348-1393-0

[40] MIJLAD, Naoual ; ELWARRAKI, Elmostafa ; ELBACHA, Abdelhadi: Implementation of a behavioral IGBT model in SIMULINK. In: *International Conference on Electrical and Information Technologies (ICEIT), IEEE,* März 2015

[41] MOLLENHAUER, Klaus ; TSCHÖKE, Helmut: *Handbuch Dieselmotoren.* 3. Springer Berlin Heidelberg New York, 2007. – ISBN 978–3–540–72164–2

[42] NAUNIN, Dietrich: *Hybrid-, Batterie- und Brennstoffzellen-Elektrofahrzeuge - Technik, Strukturen und Entwicklungen.* 3. expert-Verlag, 2004. – ISBN 978-3816924333

[43] NEUDORFER, H. ; WICKER, N. ; BINDER, A.: Rechnerische Untersuchung von zwei Energiemanagements für Hybridfahrzeuge. In: *Automobiltechnische Zeitschrift.* Juni 2006

[44] NOREIKAT, Konrad: Hybridantriebe - Vorlesungsumdruck / Institut für Verbrennungsmotoren und Kraftfahrwesen, Universität Stuttgart. 2016. – Forschungsbericht

[45] ONORI, Simona ; SERRAO, Lorenzo ; RIZZONI, Giorgio: *Hybrid Electric Vehicles - Energy Management Strategies.* 1. Springer-Verlag London, 2016. – ISBN 978-1-4471-6779-2

[46] P. SKARKE, C. A.: Multivariable air path and fuel path control for a Diesel engine with homogeneous combustion. In: *17. Internationales Stuttgarter Symposium* 135 (2017), S. 143–155

[47] PAGANELLI, Gino: *Conception et commande d'une chaîne de traction pour véhicule hybride parallèle thermique et électrique,* Université de Valenciennes, Dissertation, 1999

[48] PARSPOUR, Prof. D. N.: Skriptum Elektrotechnisches Praktikum / Institut für Elektrische Energiewandlung, Universität Stuttgart. 2013. – Forschungsbericht

[49] PAUS, Hans J.: *Physik in Experimenten und Beispielen.* 3. Carl Hanser Verlag München, 2007. – ISBN 978-3-446-41142-5

[50] PEI, Dekun ; LEAMY, Michael: Dynamic Programming-Informed Equivalent Cost Minimization Control Strategies for Hybrid-Electric Vehicles. In: *Journal of Dynamic Systems, Measurement, and Control* 135 (2013), 09, S. 051013

[51] PISCHINGER, Rudolf: *Motorische Verbrennung.* RWTH Aachen, 2001. – Sonderforschungsbereich 224

[52] RAHN, Christopher D. ; WANG, Chao-Yang: _Battery Systems Engineering_. 1. John Wiley & Sons, Ltd, 2013. – ISBN 9781118517048

[53] REBECCHI, P. ; SEEWALDT, S.: Verbrennungsregelung - Modellbasierte Regelung eines Dieselmotors mit homogener Verbrennung. In: _Abschlussbericht Heft 975_ Bd. Vorhaben Nr. 997. 2013

[54] REIF, Konrad: _Konventioneller Antriebsstrang und Hybridantriebe - mit Brennstoffzellen und alternativen Kraftstoffen_. 2. Vieweg+Teubner Verlag, 2015. – ISBN 978-3-8348-2203-1

[55] REIF, Konrad ; NOREIKAT, Karl E. ; BORGEEST, Kai: _Kraftfahrzeug-Hybridantriebe_. 1. Vieweg+Teubner Verlag, 2012. – ISBN 978-3-8348-0722-9

[56] SALAHUDDIN, Usman ; EJAZ, Haider ; IQBAL, Naseem: Grid to wheel energy efficiency analysis of battery- and fuel cell-powered vehicles. In: _International Journal of Energy Research 42_, 2018

[57] SCHNEIDER, Andreas: _Elektrifizierung des Antriebsstrangs bei teilhomogener Verbrennung - Simulation und Experiment_, Universität Stuttgart, Dissertation, 2022

[58] SCHRÖDER, Dierk: _Leistungselektronische Bauelemente_. 2. Springer-Verlag Berlin Heidelberg, 2006. – ISBN 978-3-540-28728-5

[59] SEMENOFF, N.: Chemical Kinetics and Chain Reactions. In: _The Itern.series of monographs on physics_. Oxford : Clarendon Press, 1935

[60] SEMJONOW, N. N.: _Einige Probleme der Chemischen Kinetik und Reaktionsfähigkeit (Freie Radikale und Kettenreaktionen)_. G. Wagner. Akademie-Verlag, 1961

[61] SITKEI, György: _Kraftstoffaufbereitung und Verbrennung bei Dieselmotoren_. 1. Springer-Verlag Heidelberg, 1964. – ISBN 978-3-540-03168-0

[62] SKARKE, P.: _Simulationsgestützter Funktionsentwicklungsprozess zur Regelung der homogenisierten Dieselverbrennung_, Universität Stuttgart, Dissertation, 2017

[63] SKARKE, P. ; AUERBACH, C.: Verbrennungsregelung II - Mehrgrößenregelung von Luft- und Kraftstoffpfad eines Dieselmotors mit homogener Verbrennung. In: *Abschlussbericht Heft 1105* Bd. Vorhaben Nr. 1149. 2016

[64] SPRING, Eckhard: *Elektrische Maschinen - Eine Einführung*. 3. Springer-Verlag Berlin Heidelberg, 2009. – ISBN 978-3-642-00884-9

[65] STAN, Cornel: *Alternative Antriebe für Automobile - Hybridsysteme, Brennstoffzellen, alternative Energieträger*. 3. Springer-Verlag Berlin Heidelberg, 2012. – ISBN 978-3-642-25267-9

[66] STARCK, L. ; LECOINTE, Bertrand ; FORTI, L. ; JEULAND, Nicolas: Impact of fuel characteristics on HCCI combustion: Performances and emissions. In: *Fuel* 89 (2010), 10

[67] TSCHÖKE, Helmut ; GUTZMER, Peter ; PFUND, Thomas: *Elektrifizierung des Antriebsstrangs - Grundlagen - vom Mikro-Hybrid zum vollelektrischen Antrieb*. 1. Springer Vieweg, 2019. – ISBN 978-3-662-60355-0

[68] TURNS, Stephen R.: *An Introduction to Combustion: Concepts and Applications*. 3. McGraw Hill Higher Education, 2011. – ISBN 978-0073380193

[69] WALDHELM, A. ; BEIDL, Prof. Dr. C. ; SPURK, Dr. P. ; NOACK, H.-D. ; BRÜCK, R. ; KONIECZNY, R. ; BRUGGER, M.: Aktives Temperaturmanagement in SCR-Systemen - Anwendungsmöglichkeiten und Betriebsstrategien des elektrisch beheizbaren Katalysators EmiCat / TU Darmstadt, Institut für Verbrennungskraftmaschinen; Umicore AG & Co KG; Emitec, Gesellschaft für Emissionstechnologie mbH. 2010. – Forschungsbericht

[70] WALLENTOWITZ, Henning ; REIF, Konrad: *Handbuch Kraftfahrzeugelektronik - Grundlagen, Komponenten, Systeme, Anwendungen*. 2. Vieweg+Teubner Verlag, 2011. – ISBN 978-3-8348-0700-7

[71] YE, Haizhong ; YANG, Yinye ; EMADI, Ali: Traction inverters in hybrid electric vehicles. In: *IEEE Transportation Electrification Conference and Expo (ITEC), IEEE*, Juni 2012, S. 1–6

Anhang

A.1 Simulationsergebnisse RDE

Im Folgenden werden Zusätzliche Simulationsergebnisse des RDE dargestellt.

A1.1 Konventionelles Fahrzeug versus HEV mit ECMS

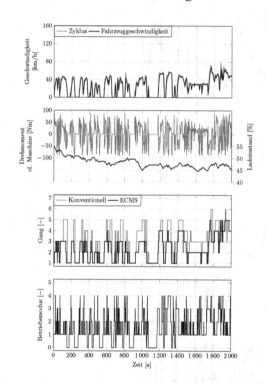

Abbildung A1.1: Vergleich der Simulationsergebnisse Teil 1

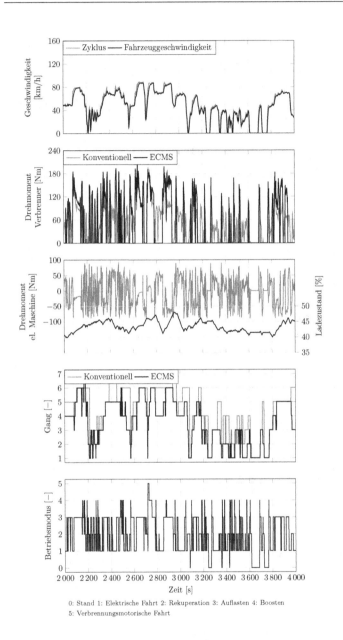

Abbildung A1.2: Vergleich der Simulationsergebnisse Teil 2

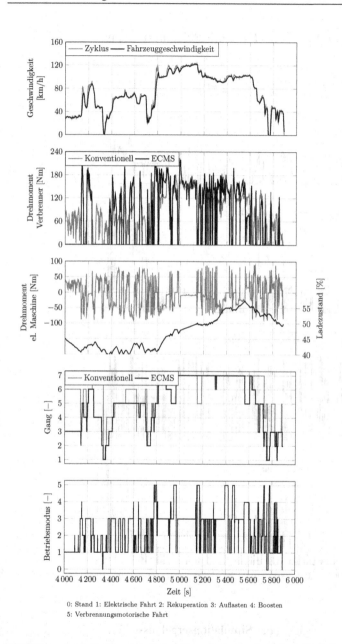

Abbildung A1.3: Vergleich der Simulationsergebnisse Teil 3

A1.2 HEV mit ECMS versus HEV mit Phlegmatisierung

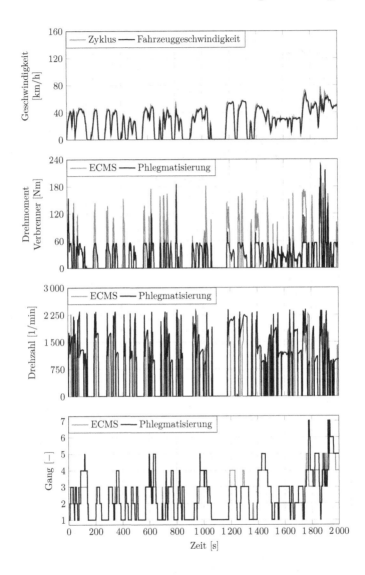

Abbildung A1.4: Vergleich der Simulationsergebnisse Teil 1

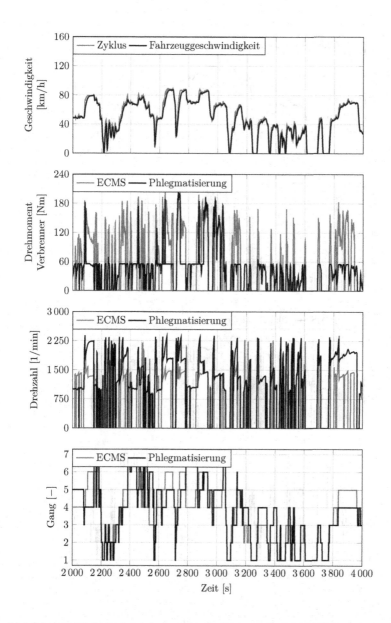

Abbildung A1.5: Vergleich der Simulationsergebnisse Teil 2

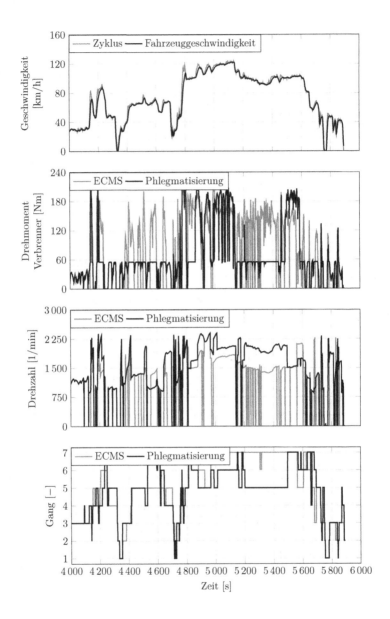

Abbildung A1.6: Vergleich der Simulationsergebnisse Teil 3

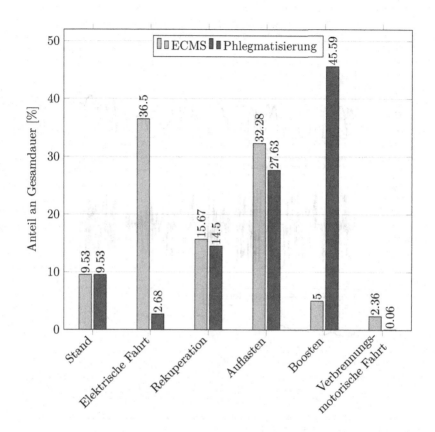

Abbildung A1.7: Vergleich der Zeitanteile der Betriebsmodi

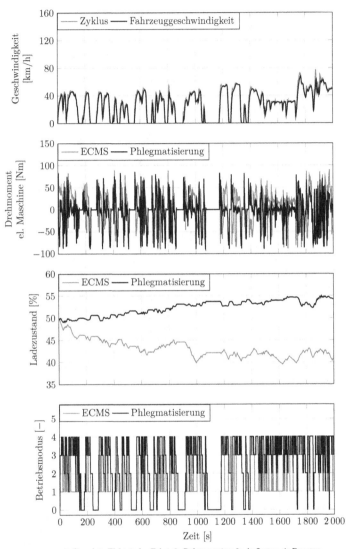

0: Stand 1: Elektrische Fahrt 2: Rekuperation 3: Auflasten 4: Boosten
5: Verbrennungsmotorische Fahrt

Abbildung A1.8: Vergleich der Simulationsergebnisse Teil 1

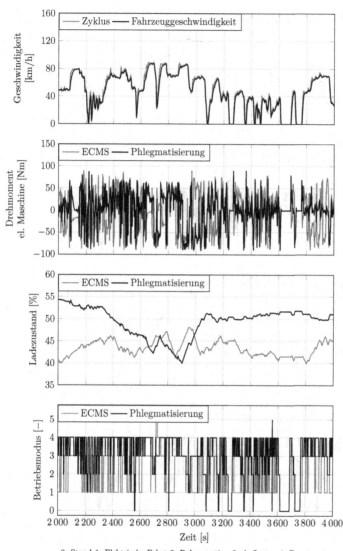

0: Stand 1: Elektrische Fahrt 2: Rekuperation 3: Auflasten 4: Boosten
5: Verbrennungsmotorische Fahrt

Abbildung A1.9: Vergleich der Simulationsergebnisse Teil 2

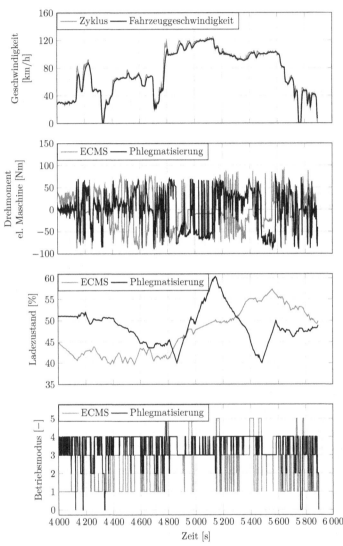

0: Stand 1: Elektrische Fahrt 2: Rekuperation 3: Auflasten 4: Boosten
5: Verbrennungsmotorische Fahrt

Abbildung A1.10: Vergleich der Simulationsergebnisse Teil 3

A1.3 Konventionelles Fahrzeug versus HEV mit Phlegmatisierung

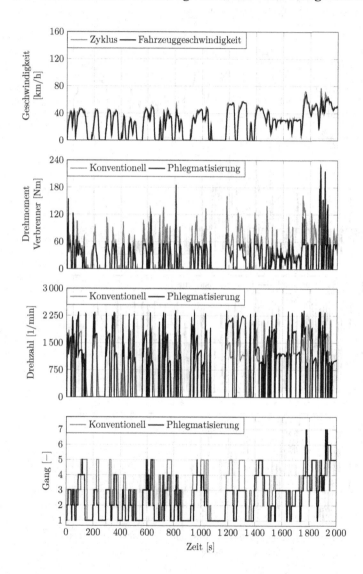

Abbildung A1.11: Vergleich der Simulationsergebnisse Teil 1

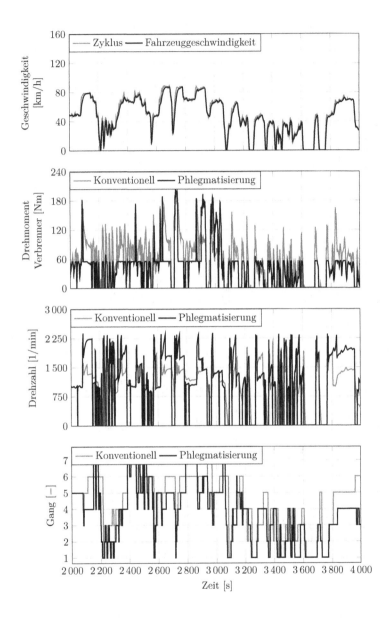

Abbildung A1.12: Vergleich der Simulationsergebnisse Teil 2

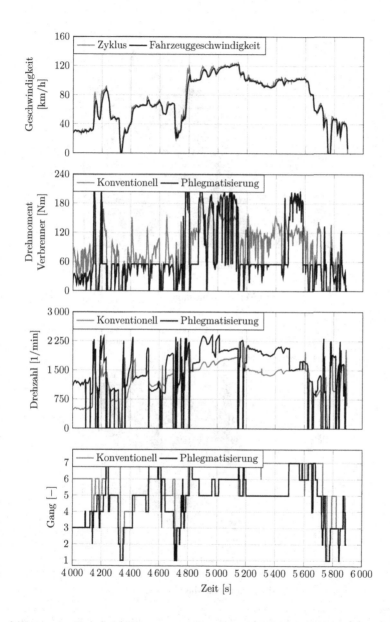

Abbildung A1.13: Vergleich der Simulationsergebnisse Teil 3

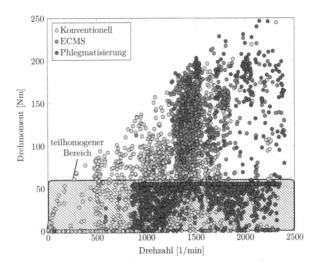

(a) Verbrennungsmotor

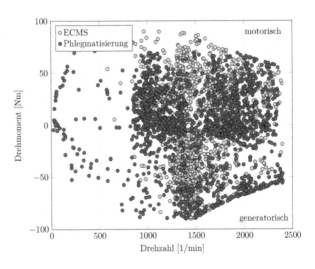

(b) Elektrische Maschine

Abbildung A1.14: Betriebspunkte der Antriebsmaschinen der drei Simulationen

A.2 Zusätzliche WLTC Abbildungen

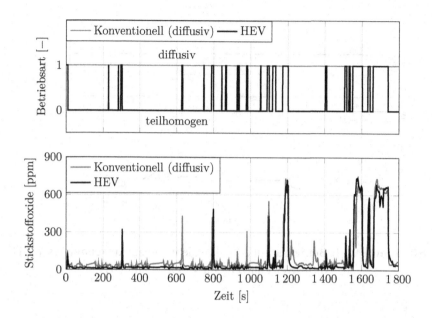

Abbildung A2.1: Betriebsart und Stickoxide im WLTC, diffusives Fahrzeug im Vergleich mit HEV

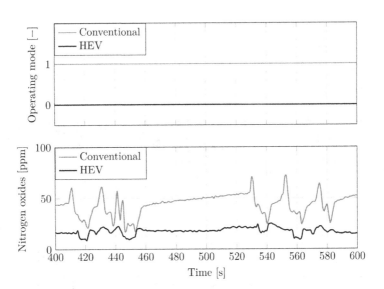

Abbildung A2.2: Betriebsart und Stickoxide in einem Ausschnitt des WLTC, diffusives Fahrzeug im Vergleich mit HEV

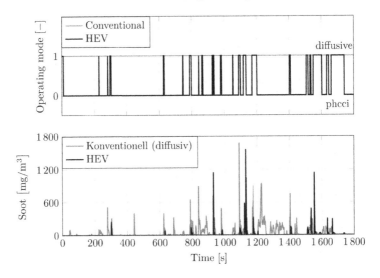

Abbildung A2.3: Betriebsart und Ruß in einem Ausschnitt des WLTC, diffusives Fahrzeug im Vergleich mit HEV

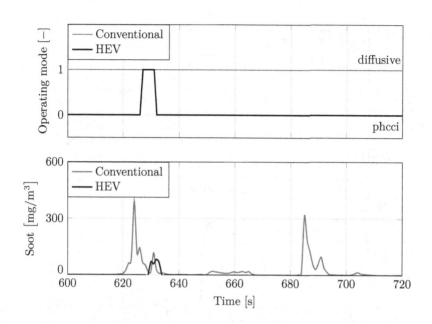

Abbildung A2.4: Betriebsart und Ruß in einem Ausschnitt des WLTC, diffusives Fahrzeug im Vergleich mit HEV

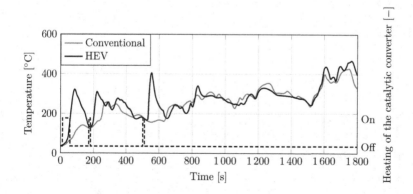

Abbildung A2.5: Abgastemperatur im WLTC, diffusives Fahrzeug im Vergleich mit HEV

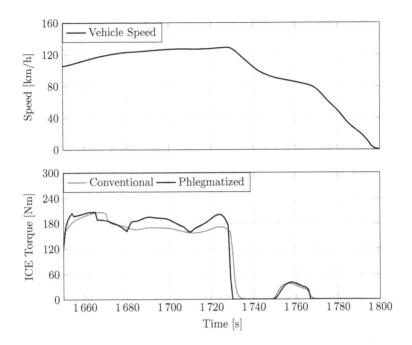

Abbildung A2.6: Drehmomentvergleich im Autobahnteil des WLTCs

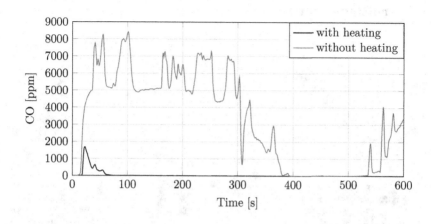

Abbildung A2.7: Vergleich der CO-Emissionen mit und ohne Heizung im
ersten Teil des WLTC

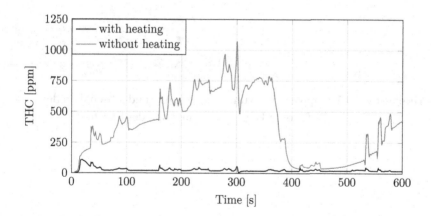

Abbildung A2.8: Vergleich der THC-Emissionen mit und ohne Heizung im
ersten Teil des WLTC

A.3 Prüfstandsbilder

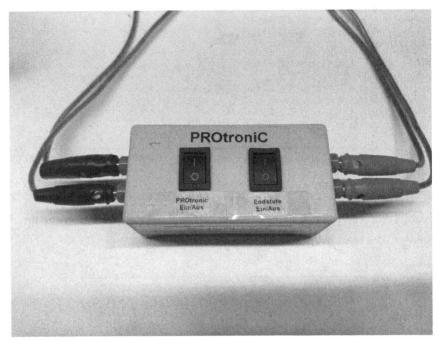

Abbildung A3.1: Kippschalter zum analogen An- und Abschalten der PROtronic-Hauptversorgung und der Endstufe

Abbildung A3.2: Parallel-geschaltete Netzteile zur Versorgung des elektrisch beheizten Katalysators

Abbildung A3.3: Forschungssteuergerät PROTronic vor Einbau am Prüfstand

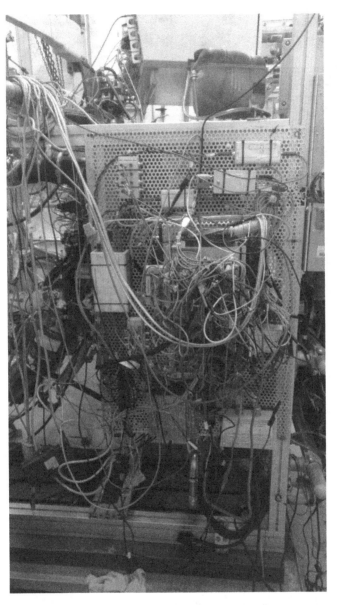

Abbildung A3.4: Forschungssteuergerät PROTronic im eingebauten Zustand

A.4 Projektbearbeiter

Zur Vollständigkeit soll das folgende Bild mit in der vorliegenden wissenschaftlichen Arbeit veröffentlicht sein.

Abbildung A4.1: Die Bearbeiter des Projektes Jan Klingenstein (links) und Andreas Schneider (rechts) vor dem Prüfstandsaufbau mit dem Forschungssteuergerät PROtronic

Printed in the United States
by Baker & Taylor Publisher Services